贝太厨房
美食系列图书

从小爱吃的菜

贝太厨房 编著

中国轻工业出版社

从小爱吃的菜

　　小时候过年，一大家子十几二十个人围坐两桌，我们一群小孩叽叽喳喳地坐在一起喝着饮料，吃得满嘴油。男孩子们都直奔大块肉，而我面对满桌摞了好几层的美食，忽略所有大鱼大肉，最爱木耳炒鸡蛋。满桌美味在我眼里都是灰色的，只有木耳炒鸡蛋才能勾起我的食欲。小时候的口味是个谜，直到我长大后，在学校旁的湘菜馆子吃到荷包蛋木耳炒腊肉，有的店也叫农家一碗香，我一天三顿吃鸡蛋都不腻，才发现，原来小时候的口味一直没变，只是换了一个形式，伴随你长大，跟你一起长成别的样子，千变万化、不离其宗。

　　从小爱吃的菜也许是一种具体的口味、一个具体的食材、一道具体的菜品，是红烧肉、清蒸鱼、四喜丸子……也许是一种抽象的气味、抽象的感觉、抽象的情感，是爸爸的拿手菜、是妈妈的爱心加餐、是奶奶的神秘食谱……难以言说，挥之不去，唯有滋味一解愁绪。

　　它甚至是一种基因密码，造就了人们各种奇葩的口味爱好，这种滋味也是组成你我的一部分，就像你是 A 型血，我是 O 型血；你爱古典，我爱民谣；你爱麻辣刺激，我爱清淡鲜美……如果聚餐，请把我们按口味分类。

　　《贝太厨房》16 年来做过数以千计的家常菜，每一道菜都有一个故事。我们挑了又挑、选了又选，最终选出这 160 余道集结成书，小炒硬菜、面点汤饮、鲜蔬肉禽、甜咸辣鲜，一应俱全，总有你从小爱吃的菜。最难做的部分还有超详细的步骤图，一步一步教会你。这次不再只是个吃货，要亲手还原小时候的味道，与家人一起分享，打开味蕾的记忆，满足从小到大挑剔的胃口。

《贝太厨房》主编
郑雪梅

目录

🍄 菌蛋豆制品类

藕圆子 / 37

孜然土豆丁 / 38

姜丝炒杂菌 / 39

平菇炒肉片 / 40

茉莉花炒蛋 / 41

角瓜叉烧炒鸡蛋 / 42

黄瓜木耳炒鸡蛋 / 43

香椿酱煎豆腐 / 44

微波麻婆豆腐 / 45

蒜烧豆腐 / 46

🥒 荤菜类

蟹黄豆腐 / 47

八珍豆腐煲 / 48

XO 酱千页豆腐 / 50

宫保鸡丁 / 51

歌乐山辣子鸡 / 52

芙蓉鸡片 / 53

酱爪鸡脯 / 54

香脆辣味炸鸡翅 / 55

盐焗蜜汁烤鸡腿 / 56

冬笋炒肉丝 / 57

荔枝肉 / 58

蚂蚁上树 / 59

干炸丸子 / 60

肉末粉丝炒包菜 / 61

肉末酸豆角 / 62

鱼香肉丝 / 63

尖椒榨菜炒肉丝 / 64

干煸豇豆五花肉 / 65

豆芽火腿粉丝煲 / 66

蚝油牛肉 / 67

杭椒牛柳 / 68　　葱爆羊肉 / 69　　黑豆芽
炒腰花 / 70　　芫爆肚丝 / 71　　茭蒿香干
炒腊肉 / 72

 河海鲜类

云腿豌豆 / 73　　清炒河虾仁 /
74　　豌豆玉米
虾仁 / 75　　大虾炒
白菜 / 76　　韭菜花酱炒
小河虾 / 77

椒盐虾蛄 / 78　　蒜蓉辣椒蟹 / 79　　椒盐多春鱼 / 80　　香煎麻辣
秋刀鱼 / 81　　韭菜炒花蛤 / 82

　　荤菜类

第三章
大菜硬菜

新疆风味
大盘鸡 / 84　　茶油鸡 / 85　　北菇蒸滑鸡 / 86　　电饭煲
葱油鸡 / 87

南姜鲍鱼
焖鸡 / 88　　干锅黄焖鸡 /
89　　小鸡炖蘑菇 / 90　　啤酒鸭 / 91　　家常苏式
酱鸭 / 92

厦门姜母鸭 / 94　　电饭煲豉汁
排骨 / 95　　红酒猪蹄 / 96　　红烧肉 / 97　　锅包肉 / 98

丰收一锅出 / 99

四喜丸子 / 100

咸烧白 / 101

狮子头 / 102

酸菜白肉 / 103

酸汤辣猪手
/ 104

粉蒸肉 / 105

萝卜牛腩煲
/ 106

番茄牛肉 / 107

麻辣牛尾 / 108

酸汤肥牛 / 109

甘蔗羊肉煲
/ 110

油面筋塞肉
/ 111

腊味双蒸 / 112

腌笃鲜 / 113

🦐 河海鲜类

红烧带鱼 / 114

沸腾水煮鱼
/ 115

干烧黄花鱼
/ 116

软兜长鱼 / 117

糖醋鲤鱼 / 118

清蒸黄鱼 / 119

川香烤鱼 / 120

番茄鳕鱼羹
/ 121

蒜蓉粉丝
蒸扇贝 / 122

蟹酿橙 / 123

水煮香辣虾
/ 124

第四章
汤粥饮品

🥣 汤粥类

理气清鸡汤
/ 126

参鸡汤 / 127

第一章

开胃凉菜

川北凉粉

分量 2 人份　准备 2 分钟　制作 60 分钟

俗话说"少不入川，老不出蜀"，天府之国有太多美味让人流连忘返。即便只是听说，也已"身不能至，心向往之"。让一碗浸着满满红油香气的川北凉粉带你神游川蜀吧。

主料：豌豆粉 50 克
辅料：海椒面 5 克、花椒面 5 克、蒜末 5 克、姜末 5 克、白芝麻 3 克、菜籽油 50 毫升、盐 3 克、老醋 10 毫升、拌菜酱油 15 毫升、八角 2 克、桂皮 2 克

做法：

1 将豌豆粉和水按1∶1的比例搅拌均匀；准备一个空盒，用水洗净，备用。

2 烧一锅水，水开后将调好的面糊倒入锅中，用力搅拌至面糊透亮、黏稠为止，关火。

3 将锅里的浆糊倒入空盒中冷却。

4 将冷却后的凉粉从盒子里倒扣在案板上，用蘸过水的菜刀切成条形后盛入碗碟中。

5 将海椒面、花椒面放入碗中，加入适量盐；蒜末和姜末分别加少许盐，用水冲开备用。

6 锅烧热后倒入菜籽油，放入八角和桂皮煸炒出香味后捞出。油烧到没有泡沫后关火，凉1分钟后倒入盛有海椒面和花椒面的碗里。

7 在凉粉上浇上调好的红油、老醋、拌菜酱油和姜蒜水，撒上白芝麻。调料可根据个人口味添加，也可撒上香菜或香葱。

往锅里倒面糊时一定要快速均匀地搅拌，不要让面糊在锅里形成疙瘩，也不能让面糊粘锅，出现焦味。出锅时装凉粉的盛器一定要用清水冲洗一遍，防止粘连。在往海椒面和花椒面里倒热油时，要用小勺不停搅拌，让其均匀受热，色、香、味共存。

东北大拉皮

 1人份　 10分钟　准备 10分钟　制作 10分钟

一桌东北菜吃到最后，永远是最受欢迎的、最治愈胃口的大拉皮压轴全席。纵然豪迈如脸盆大的盘，也会一点儿不剩。这道艳丽的凉菜，让"不讲究"的东北人一丝不苟地选材、配色，难得地摆个盘，图的就是七吵八嚷中现吃现拌的热闹劲。

主料：拉皮150克、黄瓜60克、紫甘蓝60克、火腿80克、干豆腐皮60克、鸡蛋1枚

辅料：芝麻酱30克、生抽10毫升、盐2克、辣椒油20毫升、淀粉10克

做法：

1 鸡蛋打散后加入淀粉拌匀，将蛋液分两次倒入加热的平底锅中，摊成薄薄的鸡蛋饼皮，取出冷却后切成细细的蛋丝，备用。

2 黄瓜、紫甘蓝分别洗净，切成细丝；干豆腐皮、火腿切成细丝；拉皮切成宽条。

3 将蛋丝、黄瓜丝、紫甘蓝丝、干豆腐丝、火腿丝依次呈放射状码放在盘中，再将拉皮放在上面。将芝麻酱、生抽和盐拌成酱汁，根据个人口味淋入酱汁和辣椒油，吃时拌匀即可。

TIPS

东北大拉皮的原料有土豆的、红薯的、绿豆的，调味汁也种类多样，可以根据个人口味调配。

桂花糯米藕

分量 2 人份 准备 75 分钟 制作 90 分钟

桂花幽香绵长，常有入馔妙用，制成甜羹糕点，或糖渍成蜜，或酿酒熏茶，都极尽风雅。莲藕细腻，米粒糯香，加上桂花馥郁，口齿留香。

主料：莲藕 500 克、糯米 200 克

辅料：红曲米 50 克、冰糖 300 克、蜂蜜 30 毫升、桂花 50 克

做法： 1 提前 1 小时将糯米泡软，沥干水分后与桂花拌匀，备用。
2 将莲藕洗净后削去外皮，从中间切成两段，用筷子将泡好的桂花糯米填入藕洞内，填满并压实。
3 将两段藕合在一起，插入牙签固定后放入锅中，倒入清水没过莲藕，放入冰糖、红曲米，盖上锅盖大火煮开后，转中火煮约 1.5 小时。
4 将煮好的莲藕捞出放凉，拔掉牙签后用保鲜膜包好，放入冰箱冷藏 5 分钟，取出后均匀切片，淋上蜂蜜、撒上桂花即可。

TIPS 桂花在我国栽培和入膳历史悠久，大部分甜口点心都可用桂花调味，桂花糯米藕尤得人心。

话梅圣女果

分量 6 人份

准备 5 分钟

制作 25 分钟

主料：圣女果 500 克
辅料：话梅 80 克、青柠 2 个、秋梨膏 30 毫升、冰糖 80 克、柠檬片 2 片

做法：

1 圣女果洗净、去蒂，在表面划十字刀，放入开水中烫至表皮皱起，捞出放凉水中去皮；青柠洗净，一分为二。
2 将话梅冲洗后和冰糖一起放入锅中，加一碗水煮至冰糖化开，关火凉至常温，加入秋梨膏搅拌均匀。
3 将玻璃罐放入开水中煮 2 分钟消毒。
4 将糖水、话梅、圣女果、青柠、柠檬片混合放入玻璃罐内密封，放入冰箱冷藏 1 天即可食用。

TIPS

圣女果是西餐里的宠儿。用话梅、柠檬、秋梨膏腌制圣女果，可谓中西混搭，别有风味。也可以简单一点儿，只用糖和喜欢的一两种香草腌制，比如莳萝、牛至、百里香、洋香菜、迷迭香、薄荷等。

五香兰花豆

🔄 分量 2 人份　🔄 准备 6 小时　🔄 制作 40 分钟

如果说饮黄酒、吃螃蟹的是江南文人雅士，那么喝白酒、吃五香豆的，就是北方大隐隐于市的扫地僧了。一碟五香豆，够说完上下五千年古今中外的奇闻逸事了。

主料：蚕豆 200 克、红皮花生米 50 克、青豆 20 克

辅料：八角 5 克、桂皮 5 克、盐 15 克、五香粉 20 克、干辣椒 5 克

做法：

1　蚕豆用清水浸泡 6 小时，红皮花生米浸泡 15 分钟。

2　锅内加入 500 毫升冷水，放入蚕豆、八角、桂皮、干辣椒和五香粉，大火煮开。

3　撇去浮沫后转小火，加盐再煮 15 分钟。

4　放入花生米，撇去浮沫后再煮 15 分钟。

5　放入青豆，再煮 5 分钟后关火，放凉后捞出，即可食用。

五彩凉菜

分量 2~4 人份　准备 20 分钟　制作 20 分钟

主料：绿豆芽 60 克、菠菜 6 克、胡萝卜 60 克、魔芋丝 60 克、鸡蛋 1 枚
辅料：辣椒粉 20 克、菜籽油 45 毫升、花椒油 5 毫升、辣椒油 3 毫升、盐 5 克

做法：

1 将辣椒粉倒入碗中；锅中倒入 40 毫升菜籽油，烧热后缓缓倒在辣椒粉中，并用筷子顺时针搅拌，使辣椒粉被菜籽油充分浸润。

2 绿豆芽去头去尾，洗净；魔芋丝解开后洗净；胡萝卜洗净，切丝；菠菜洗净，切段。

3 鸡蛋磕入碗中，蛋液搅拌均匀；热锅中倒入剩余菜籽油，倒入蛋液，摊成薄薄的鸡蛋饼，盛出后切成丝，装盘。

4 胡萝卜丝、魔芋丝、菠菜段和绿豆芽分别焯熟，捞出装盘。

5 加入盐、辣椒油和花椒油调味即可。

四喜烤麸

🕐 2 人份　　🕐 准备 20 分钟　　🕐 制作 35 分钟

烤麸是以面筋为原料发酵而成，香菇之鲜、面筋之鲜、发酵之鲜、酱油之鲜、极致之鲜。

主料：烤麸 200 克、冬笋 20 克、金针菜 10 克、木耳 10 克、青豆 10 克
辅料：油 50 毫升、盐 3 克、酱油 10 毫升、蚝油 10 毫升、白砂糖 40 克、香油 3 毫升

做法：
1 烤麸洗净后切小块，入沸水烫 5 分钟后捏干水分备用。
2 金针菜、木耳用冷水泡发，洗净去根；木耳撕成小块，金针菜切成两段备用。
3 在锅中热油，将烤麸炸至淡黄色后捞起，滤油。
4 锅中留底油，加入冬笋、金针菜、木耳和青豆一同煸炒，然后放入炸好的烤麸。
5 加蚝油、酱油、盐、白砂糖调味，加入适量清水，煮开后转小火炖煮约 20 分钟，炖至汤汁浓稠，收汁，淋上香油即可。

酸辣炝拌土豆丝

 2人份　 15分钟　制作 5分钟

拒绝油腻，你可能需要这盘清新开胃的土豆丝，丝丝分明是入口清爽的关键。配上酸辣滋味，解腻最佳。

主料：中等大小土豆2个、青红尖椒各10克

辅料：油5毫升、辣椒油5毫升、香油2毫升、盐13克、白醋40毫升

做法：

1 土豆去皮，切成细丝，用自来水泡10分钟左右，冲去土豆丝中的淀粉。

2 青红尖椒切成细丝；烧一锅水，加入油、10克盐、30毫升白醋，水开后倒入土豆丝、青红椒丝，焯一两分钟后捞出，过凉水，然后控干水分。

3 将土豆丝与青红椒丝装入碗中，加入辣椒油、香油、剩余的白醋和盐，拌匀即可。

酸辣大拌菜

2人份　准备 3小时　制作 3分钟

提到凉拌菜就绕不过大拌菜，一千个人心中有一千个大拌菜的做法，酸辣、蒜香、麻酱，想吃什么口味都随意。

主料：圆生菜50克、紫甘蓝30克、腐竹15克、木耳10克、黄豆15克、炸花生米15克、胡萝卜10克、芥蓝10克

辅料：小米辣5克、盐5克、香醋5毫升、辣椒油5毫升

做法：

1 将腐竹放入清水中浸泡3小时，捞出后切段；木耳泡发后去根，撕小朵；芥蓝洗净后去掉叶子，将茎部切小段；胡萝卜洗净后切菱形片。

2 以上食材分别焯水后备用。

3 圆生菜和紫甘蓝撕成小片，将所有食材装入大碗内，拌匀即可。

主料：茭白 150 克、木耳 75 克、青椒 60 克

辅料：白芝麻 5 克、白砂糖 5 克、盐 5 克、香油 10 毫升、香醋 15 毫升、生抽 10 毫升、辣椒油 10 毫升

香辣黑白丝

 分量 2 人份　 准备 30 分钟　制作 10 分钟

做法：

1 木耳提前泡发后切丝，茭白、青椒分别洗净，切丝后焯水。

2 茭白丝、青椒丝、木耳丝沥干水分后加入白砂糖、盐、香油、香醋和生抽拌匀。

3 装盘后撒上白芝麻，淋上辣椒油即可。

主料：白萝卜 800 克

辅料：盐 10 克、白砂糖 20 克、生抽 30 毫升、白醋 10 毫升

糖醋酱萝卜

分量 4~6 人份

准备 30 分钟

制作 30 分钟

做法：

1 白萝卜洗净，切成薄片，放入大碗中，加 5 克盐和 10 克白砂糖腌制半小时，倒掉渗出的水分。

2 加入剩余的盐和白砂糖，腌制半小时后倒入生抽和白醋拌匀，放入保鲜盒中，使萝卜片被完全浸泡，放入冰箱冷藏 1 天，随吃随取即可。

川味嫩豆花

分量 1 人份 准备 2 分钟 制作 40 分钟

豆花鲜嫩清爽，用料简单易得，制作过程
也没有什么难的，做一碗，无论是当零食
还是正餐，都好吃得没话说。

主料：黄豆200克、榨菜2克、干黄豆10克
辅料：葡萄糖酸内酯1.3克、香葱2克、红油5毫升、盐5克、鸡精5克、酱油5毫升、水淀粉15毫升、油15毫升

做法：

1 香葱、榨菜切成小丁备用，黄豆用水发好。

2 水发黄豆放入豆浆机，加入1000毫升清水，制成豆浆。

3 葡萄糖酸内酯按照1：4的比例，加入5毫升左右的清水，做成凝固汁。将500毫升左右的鲜豆浆过筛后倒入一个容器中，趁热迅速点入凝固汁，边倒边搅拌。

4 用保鲜纸或塑料膜将盛豆浆的容器盖住，等豆浆自然凉透，凝固成豆花。

5 等豆花凝固的过程中制作炸黄豆。锅中倒入油，油热后放入干黄豆，中火炸至焦黄酥脆。

6 锅中倒入30毫升左右清水，加入盐、鸡精、酱油，开火后放入水淀粉，制成调味汁。豆花凉透后，用勺子将其舀到一个小碗中，放入炸黄豆、葱花、榨菜、调味汁、红油即可。

TIPS 葡萄糖酸内酯是一种新型无毒的食品添加剂，在食品工业上被用做酸味剂、保鲜剂、防腐剂、蛋白质凝固剂等。用它来替代卤水、石膏做出的豆腐质地细腻、味道纯正、鲜美可口，没有蛋白质的流失，营养丰富；而且用它来制作的豆腐还会比一般凝固剂要保存时间长，12℃左右的室温可以保存5天左右。

荤菜类

川味椒麻鸡

🔄 分量 2 人份　🔄 准备 2 分钟　🔄 制作 15 分钟

椒麻味是川菜中别具风情的口味之一，味咸而鲜、香麻醇浓，当椒麻的辛与鸡肉的嫩碰撞在一起，麻与鲜充盈混合，美妙无比。

主料：鸡腿 2 只

辅料：鸡汤 50 毫升、香葱 30 克、姜 10 克、花椒 40 粒、八角 20 克、桂皮 20 克、盐 10 克、酱油 50 毫升、料酒 50 毫升、麻油 15 毫升

TIPS

椒麻鸡的精髓是使用鸡腿，有嚼劲的鸡肉特别适合做餐前凉菜。同样的料汁还可以做椒麻菌菇类，也是凉菜的好选择。刚煮熟的鸡腿放入冰水中，鸡皮迅速收缩，口感十分劲道爽滑。

做法：1 将鸡腿洗净，放入汤锅，加入香葱、姜、料酒、八角、桂皮，煮至刚熟时捞起。

2 将鸡腿放入冰水中降温后沥干水分，剁成 2 厘米宽的鸡块，放入盘中。

3 将花椒放入锅中，小火炒香。

4 将花椒和盐磨细，放入碗中，再加入酱油、麻油、鸡汤调成椒麻味汁，淋在鸡块上即可。

豉油鸡

 分量 2 人份

 准备 30 分钟

 制作 30 分钟

主料：三黄鸡 1 只
辅料：红葱头 3 枚、老姜 1 块、老抽 100 毫升、生抽 200 毫升、冰糖 45 克、玫瑰露酒 60 毫升、盐 5 克、麦芽糖 15 克

做法：

1 三黄鸡洗净，择除杂毛备用；红葱头去皮，切成两半；老姜拍破备用；麦芽糖中加入少许凉开水，调成糖浆水。

2 在一个深锅中注入大半锅清水，加入除糖浆水和玫瑰露酒以外的所有调料，煮开。

3 将三黄鸡放入锅中，加入玫瑰露酒，大火烧开后转小火，一边煮一边将汤淋在鸡肉上。

4 小火煮 10 分钟后熄火，加盖闷 15 分钟，取出控干，刷上糖浆水后晾干，切块装盘即可。

 TIPS　刷麦芽糖浆水可以让豉油鸡颜色更好看，更具香味，利用的是糖和蛋白质在高温条件下发生的美拉德反应。红烧肉和烤鸭用的也是一样的原理。

酱汁菠菜五花肉

 分量 1人份　准备 5分钟　制作 10分钟

主料：菠菜200克、五花肉50克、洋葱20克、鸡蛋1枚

辅料：豆瓣酱60克、油20毫升、水淀粉15毫升

做法：

1 菠菜去根、洗净，放入开水中煮1分钟；鸡蛋打散；五花肉剁成肉末；洋葱切丁备用。

2 菠菜捞出过清水，放凉后挤干多余水分，将圆柱模具放入盘中，再将菠菜放进去压实。

3 热锅中放油，倒入蛋液，炒成鸡蛋碎后盛出。用底油将洋葱丁炒香后，加入五花肉末、鸡蛋碎和豆瓣酱翻炒均匀，加入水淀粉，小火煮至浓稠后，浇到菠菜上，拿掉模具即可。

 TIPS

家里如没有模具，可直接将菠菜挤干水分后放入盘内，将酱汁浇到菠菜上即可。

椿芽白肉

 分量 4 人份   准备 10 分钟   制作 60 分钟

蒜泥白肉声名在外，香椿芽却被人又爱又恨。
干枯的树干上突然就冒出具有异香的嫩芽，爱
的人等待一年，只为此时炒个鸡蛋、炸个香椿
鱼，或者与白肉一起香味相投。

主料：整块五花肉 150 克、香椿芽 60 克

辅料：蒜末 10 克、葱 2 段、八角 1 个、香叶
3 片、姜 3 片、辣椒油 30 毫升、香油 3 毫升、
盐 15 克、料酒 30 毫升、醋 5 毫升、辣鲜露 6
毫升、白砂糖 3 克、白芝麻 3 克

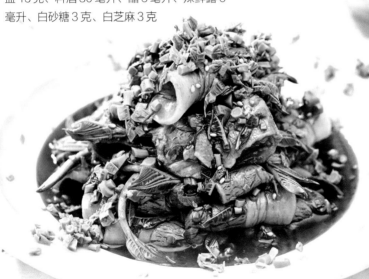

做法：

1 整块五花肉去皮，放入冷水锅中，加入葱、姜
片、八角、香叶、料酒、盐煮开，10 分钟后关火，
浸泡 20 分钟，捞出放入冰水中降温凉透。

2 香椿芽去根、洗净，放入开水中焯一两分钟，
捞出切末。

3 凉透的五花肉切薄片，拌入香椿末，淋入辣鲜
露、辣椒油、白砂糖、醋、香油和蒜末，拌匀装
盘，撒上白芝麻即可。

TIPS

香椿的鲜味来自谷氨酸，
当这种"春天的味道"和
鸡蛋、肉、豆腐等高蛋白
食物一起时，会焕发得更
明显。新鲜的嫩香椿中亚
硝酸盐含量较低，用开水
焯一下再吃更放心。

卤牛肉

🔄 4~6 人份

🔄 9 小时

🔄 10.5 小时

不管酱牛肉还是卤牛肉，都是古装剧里的"大侠套餐"必备。卤水做起来麻烦了一点儿，腌制、炖煮、浸泡、放凉，时间让人难熬，端上桌后，可能后悔没有多卤一点儿。

主料：牛腱子肉 800 克

辅料：葱片 10 克、姜片 10 克、卤汤膏 1 包、盐 10 克、汾酒 100 毫升、料酒 20 毫升、生抽 10 毫升

做法：

1 将牛腱子肉用清水浸泡 1 小时，去掉血水，冲洗干净。

2 将料酒、生抽和盐抹在牛腱子肉表面，放上葱片、姜片，冷藏腌制 8 小时。

3 用水将卤汤膏稀释后煮沸，放入牛腱子肉，大火烧开后转小火，慢煮 2.5 小时。

4 关火后放凉，倒入汾酒，再放入冰箱冷藏浸泡 8 个小时，捞出切片即可。

TIPS 高蛋白、低脂肪的牛肉是健身爱好者优选的动物蛋白来源。类似的还有去皮鸡肉、鸡胸肉、猪里脊肉等。腌制和浸泡时要放入冰箱冷藏，防止变质。汾酒需要在放凉后再倒入，否则会挥发。卤汤包可以用少量八角、大料、白胡椒粒、丁香、陈皮和冰糖代替。

第二章

下饭小炒

素菜类

茴香蚕豆

🔄 2 人份　　🍴 5 分钟　　🕐 5 分钟

蚕豆和茴香的味道完美融合到了一起，别具一番风味。

主料：新鲜蚕豆 300 克、茴香 100 克
辅料：干辣椒 2 个、盐 3 克、白砂糖 3 克、油 15 毫升、生抽 10 毫升

做法：
1　新鲜蚕豆和茴香分别洗净，茴香切碎待用，干辣椒掰成小段。
2　在热锅中倒入油，先放入一半茴香煸香，然后下干辣椒段和蚕豆，翻炒至蚕豆熟后，下入剩下一半茴香、盐、白砂糖和生抽，炒匀即可。

蚕豆煲

 分量 2 人份　准备 5 分钟　制作 20 分钟

主料：蚕豆 400 克
辅料：白芷 20 克、白豆蔻 6 克、香芹 20 克、油 500
毫升、盐 10 克

做法：

1 蚕豆洗净，香芹取叶，洗净备用。
2 锅中倒水，放入白芷和白豆蔻，大火煮开后转小火
煮 2 分钟，再放入蚕豆和盐，煮 3 分钟后沥水备用。
3 另起一锅，倒油，将蚕豆炸至焦香，捞出沥油。
4 锅内留少许底油，放香芹叶炒香后，放入炸好的蚕
豆，煸炒均匀即可。

 TIPS

要尽量选择鲜嫩的
蚕豆，这样的口感
才嫩滑且浓郁。超市
里的茴香一般味道较
淡，农家自产的茴香
更香。炒时不要火太
大，否则影响口感。

炝炒豌豆尖

 分量 2 人份　 准备 5 分钟　制作 5 分钟

主料：豌豆尖 400 克

辅料：花椒 10 粒、干辣椒 2 个、永川豆豉 10 克、盐 2 克、油 30 毫升

做法：

1 豌豆尖择取嫩尖，洗净、控干水分备用；干辣椒洗净，切段备用。

2 大火加热炒锅中的油，油温五成热时放入永川豆豉、干辣椒段和花椒煸香，待油温升至六成热时，放入豌豆尖快速翻炒，变色后调入盐，迅速出锅。

香炒四季豆

⟳ 分量 3 人份　⟳ 准备 10 分钟　⟳ 制作 20 分钟

主料：四季豆 300 克
辅料：拌饭酱 30 克、姜末 3 克、花椒 1 克、辣椒丝 5
克、油 500 毫升

做法：
1 四季豆清洗干净，锅中倒油，油温五成热时放入四
季豆炸 3~5 分钟，捞出控油。
2 锅中留底油，放入姜末、花椒和辣椒丝爆出香气后，
放入四季豆煸炒，最后加入拌饭酱即可。

TIPS

四季豆一定要炒熟再
吃，没熟的四季豆容
易引起食物中毒。

雪里蕻炒笋丁

 分量 2人份　 准备 5分钟　制作 10分钟

主料：春笋200克、雪里蕻50克、水发黄豆30克

辅料：小米椒2根、油15毫升、盐5克

做法：

1 春笋去壳，洗净后切丁，入锅烫2分钟后捞出，沥干水分；雪里蕻洗净、切丁；水发黄豆焯水备用；小米椒洗净、切段。

2 锅中倒油烧热，放入小米椒和春笋丁煸炒，加盐调味。

3 再倒入雪里蕻和黄豆，翻炒3分钟即可。

油焖春笋

 分量 3 人份 准备 5 分钟 制作 15 分钟

主料：春笋 500 克
辅料：红椒 5 克、香葱 5 克、花椒 10 粒、白砂糖 5
克、油 15 毫升、酱油 10 毫升、盐 5 克

做法：
1 春笋去壳后洗净，对半剖开，用刀拍松，切成 5 厘
米长的段。
2 热锅中倒油，油温五成热时放入花椒，炸香后捞出。
3 春笋段入锅煸炒至微黄，加入酱油、盐、白砂糖和
适量清水，大火煮滚。
4 转小火焖 10 分钟，待汤汁收浓时，放入炸好的花椒。
香葱切葱花，红椒切细丝，撒在春笋段上，装盘即可。

TIPS

红椒丝、绿椒丝常被
用来装饰菜肴，用清
水浸泡一下，就可以
让它们美丽地卷起
来了。

手撕包菜

分量 2 人份　准备 10 分钟　制作 5 分钟

主料：圆白菜 1/2 棵
辅料：蒜 2 瓣、干辣椒 2 个、花椒 1 克、姜 2 片、永川
豆豉 5 克、生抽 5 毫升、白砂糖 5 克、油 15 毫升

做法：1 圆白菜逐片拆开后用清水浸泡，洗净后完全晾
干，撕成大片备用。
2 蒜切片，干辣椒掰成小段，永川豆豉切碎备用。
3 大火加热炒锅中的油，油温五成热时放入姜
片、蒜片、干辣椒段、花椒和豆豉，炒出香味，
然后放入圆白菜快速翻炒至变色。
4 淋入生抽，加白砂糖继续炒至圆白菜断生，即
可出锅。

合菜，北方家庭餐桌上的一道经典家常菜，更是立春时节少不了的美味。每家喜好不同，食材搭配千姿百态。重要的是，永远都离不开"家"的味道，或许这才是合菜的意义。

主料：韭菜 150 克、绿豆芽 150 克、干粉丝 10 克、胡萝卜1/2 根、木耳 5 朵
辅料：葱 5 克、蒜 1瓣、生抽 10 毫升、油 30 毫升、盐 3 克

素合菜

4 人份　15 分钟　10 分钟

做法：

1 木耳和干粉丝提前泡发后备用。

2 韭菜择洗干净后切段，胡萝卜切丝，木耳掰成小朵，绿豆芽去根，葱、蒜切小片。

3 热锅后倒油，油量比平时炒蔬菜时略多一些。将葱片、蒜片与绿豆芽一起焓炒。

4 加入胡萝卜丝，继续翻炒至绿豆芽和胡萝卜变软后，倒入生抽。

5 加入粉丝，快速翻炒均匀，避免粉丝粘黏。

6 最后加入韭菜段和木耳，出锅前加盐调味即可。

莲子松仁玉米

分量 2 人份

准备 60 分钟

制作 10 分钟

主料：莲子 30 颗、玉米粒 50 克、松仁 50 克、豌豆 50 克、红椒 1 个

辅料：香葱 10 克、油 20 毫升、盐 5 克、白砂糖 3 克

做法：

1 将莲子、玉米粒、豌豆、红椒和香葱洗净，红椒切丁，香葱切末。莲子用冷水泡软，煮熟后捞出备用。

2 热锅后倒油，放入松仁小火煸炒至微微变色，盛出备用。

3 锅中留底油，放入葱花、玉米粒和莲子，大火炒匀，再放入松仁、盐和白砂糖调味即可。

藕圆子

🍴 4 人份
⏲ 20 分钟
🍳 10 分钟

藕圆子是湖北人过年的必备美味，鲜藕的粉嫩和妈妈的巧手烹调，就是年味。

主料：莲藕 1 节
辅料：香葱 2 棵、盐 3 克、白胡椒粉 1 克、油 300 毫升、花椒盐 5 克

做法：
1 莲藕洗净、去皮，擦成细丝；香葱取葱白切碎，葱叶切成葱花备用。
2 莲藕丝放入碗中，加入盐、白胡椒粉和葱白碎，反复抓拌，直至产生黏性。
3 中火热锅倒油，油温五成热时把团成小丸子的莲藕放入锅中炸至表面微黄，浮起后捞出控油。
4 所有丸子炸好后，把油加热至七成热，放入丸子复炸 1 分钟，表面金黄即可捞出，上桌时撒上葱花，配花椒盐即可。

○ TIPS

湖北人认为，无"圆子"不成席。湖北的洪湖汤藕淀粉含量很高，是难得的可以做素圆子的材料。

孜然土豆丁

 分量 3 人份　　准备 10 分钟　　制作 10 分钟

这是一道带有浓郁西部特色的菜，香辣过瘾，令人食欲大振。既可以当下饭菜，也可作为下酒小菜。

主料：土豆 250 克

辅料：油 60 毫升、盐 3 克、辣椒面 10 克、孜然 5 克、鸡精 2 克、芝麻 1 克

做法：

1. 土豆洗净，削皮后切成丁。
2. 坐锅倒油，烧热后放入土豆丁，翻炒变软后加盐、鸡精、孜然、辣椒面和芝麻，翻炒均匀。

姜丝炒杂菌

🕐 分量 2 人份　🕐 准备 10 分钟　🕐 制作 10 分钟

初春时节田地里还没有绿意，但林间道边有个小家伙早就茁壮成长了起来，那就是小蘑菇。

主料：金针菇 30 克、小平菇 50 克、小香菇 30 克、滑子菇 50 克

辅料：蒜 2 瓣、香葱 2 棵、姜 5 克、绍兴黄酒 60 毫升、蚝油 40 毫升、油 15 毫升

做法：

1 香葱洗净、切段；蒜切片；所有蘑菇洗净，控干水分，改刀成小块；姜去皮，切成细丝。

2 大火热锅后放油，烧至微微冒烟，放入香葱段、姜丝、蒜片爆香，然后放入蘑菇煎炒片刻，保持大火，尽量不要让锅中有汤汁。

3 烹入绍兴黄酒，大火翻炒至汤汁减半，调入蚝油翻炒均匀即可。

平菇炒肉片

 分量 4 人份　　准备 10 分钟　　制作 15 分钟

主料：猪里脊 250 克、平菇 300 克
辅料：蒜 1 瓣、姜 2 片、盐 3 克、油 25 毫升、
生抽 10 毫升

做法：
1　平菇洗净、掰成小朵，晾干。
2　猪里脊切片，姜、蒜切末。
3　锅中倒油，将猪里脊滑入锅中，炒至变色后盛出备用。
4　用锅中剩余的油将蒜末、姜末爆香，加入平菇快速翻炒，加盐，
最后加入炒熟的猪里脊翻炒均匀，出锅前加生抽调味即可。

茉莉花炒蛋

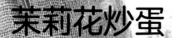

2人份

3分钟

制作 10分钟

又香又白的茉莉花，素雅纤细，清新沁香，与鸡蛋清炒相得益彰，加上一杯茉莉花茶，更添香味。

主料：鲜茉莉花 100克、柴鸡蛋3枚
辅料：香葱20克、油30毫升、盐10克、白酒5毫升

做法：

1 清水烧开后加少许盐，将鲜茉莉花焯2分钟，捞出迅速过凉水，轻轻挤掉水分备用。

2 柴鸡蛋打散，香葱切成葱花，在蛋液中放入盐、白酒和葱花，搅拌均匀。

3 炒锅中倒油烧至五成热（油面微漾，青烟微起），倒入搅拌好的蛋液，稍凝固后用锅铲划散。再放入焯好的茉莉花，翻炒均匀后加盐调味即可。

TIPS

干茉莉花可以带给茶叶馥郁的香气，例如四川名茶"碧潭飘雪"。鲜茉莉花最宜直接食用，炒蛋、凉拌或做馅包饺子，在南方民间由来已久。

41

角瓜叉烧炒鸡蛋

 分量 4 人份　　准备 10 分钟　　制作 10 分钟

主料：角瓜 1 个、广式叉烧 100 克、鸡蛋 1 枚、红葱头 2 个
辅料：油 30 毫升、盐 5 克

做法：

1 角瓜纵剖成 4 份，去子，斜切成厚片；广式叉烧切成 0.5 厘米厚的片；鸡蛋打散、调入盐；红葱头切块。

2 炒锅中倒油，大火加热至油温五成热时倒入蛋液，轻轻搅拌，待蛋液全部凝结成块后盛出备用。

3 重新热锅，大火烧至油温四成热时放入红葱头，翻炒出香味，加入角瓜片翻炒片刻，调入盐翻炒均匀，加入叉烧肉片和鸡蛋，翻炒至角瓜变熟即可。

黄瓜木耳炒鸡蛋

分量 4人份　准备 5分钟　制作 15分钟

主料：黄瓜1根、木耳50克、鸡蛋2枚、香肠1根
辅料：葱1段、油15毫升、盐5克、鲜味汁15毫升

做法：

1 木耳用冷水浸泡至回软，洗净、去根、撕成小片，放入开水中煮3分钟，捞出沥干。

2 黄瓜洗净，切成菱形片；鸡蛋打散；葱切成葱花备用；香肠切片。

3 锅中倒油，大火加热至油温五成热时放入葱花煸香，倒入蛋液划散，鸡蛋成形后盛出备用。

4 将木耳和香肠片放入锅中，大火煸炒片刻，放入黄瓜片翻炒3分钟，加入鸡蛋，调入鲜味汁和盐，翻炒均匀即可。

香椿酱煎豆腐

2 人份

10 分钟

10 分钟

香椿，真正是
只有春天才能
享受到的美味，
做成香椿酱吧，
留住春天。

主料：香椿 50 克、南豆腐 400 克
辅料：香油 30 毫升、盐 5 克、油 30 毫升

做法：

1 香椿去老梗，洗净后晾干。把香椿和盐放入搅拌机，加入香
油，搅打成酱。可根据个人喜好，搅拌碎一点儿或粗一点儿均可。
2 南豆腐切成宽 2 厘米、长 3 厘米的厚片。在平底锅中倒油，
中火加热至油温七成热时，小心地将南豆腐片煎至两面金黄，
装入盘中，淋上香椿酱即可。

微波麻婆豆腐

 分量 2 人份　　 准备 5 分钟　　 翻拌 5 分钟

麻婆豆腐麻辣鲜香，是上好的下饭菜。其实大可不必在闷热的厨房里煎炒烹炸，一个微波炉，轻轻松松，几分钟就能端上桌。

主料： 牛肉末 50 克、北豆腐 1 块
辅料： 小葱 1 棵、郫县豆瓣酱 20 克、花椒碎 5 克

做法

1 将牛肉末盛入微波炉专用的较大而微深的盘中，尽量铺平，放入微波炉，中高火加热 1 分钟，待牛肉全部变色后取出。

2 将郫县豆瓣酱和牛肉末混合均匀，重新放回微波炉中，加热 30 秒。

3 北豆腐切丁，小葱洗净、切碎。一起放入牛肉末中搅拌均匀，放入微波炉，用高火加热 2 分钟。取出后撒上花椒碎和小葱碎即可。

蒜烧豆腐

 4 人份　 10 分钟　制作 10 分钟

主料：北豆腐 1 块

辅料：蒜 1 头、油 30 毫升、鸡精 5 克、白砂糖 5 克、酱油 50 毫升、水 100 毫升

做法：

1　大蒜剥皮洗净，与鸡精、白砂糖、酱油和水混合，调成料汁。

2　平底锅倒油加热，将切片的北豆腐放入锅中煎炸至金黄。

3　将料汁倒入锅中，大火烧开后转小火，收汁即可。

TIPS

这道菜也可以用南豆腐来做，口感更加细腻。

蟹黄豆腐

 4 人份

 2 分钟

 10 分钟

主料：内酯豆腐 1 盒、菜心 1 棵、咸鸭蛋黄 2 个、拆好的蟹黄和蟹肉 50 克、胡萝卜 30 克、鱼子 5 克
辅料：姜末 5 克、油 50 毫升、盐 5 克、白胡椒粉 1 克、鸡汤 200 毫升、水淀粉 10 毫升

做法：

1 咸鸭蛋黄放入碗中，用微波炉高火加热 1 分钟，趁热用勺子碾成泥。菜心洗净，切碎备用。

2 胡萝卜洗净，擦成细丝，锅中倒油，烧至四成热时放入胡萝卜丝，小火煸炒至金黄发褐色后盛出，锅中留底油。

3 锅中放入姜末炒香，倒入咸鸭蛋黄泥、蟹黄和蟹肉煸炒，倒入鸡汤。

4 水开后放入内酯豆腐块，轻轻晃锅，不要翻炒，加盐和白胡椒粉，盖上盖子，中小火焖 3 分钟。用水淀粉勾芡，放入胡萝卜丝、切碎的菜心和鱼子，稍翻炒即可。

八珍豆腐煲

 4 人份　 10 分钟　 15 分钟

主料：北豆腐 300 克、墨鱼 20 克、海参 20 克、虾仁 20 克、松茸 5 克、小花菇 4 个、油菜 6 棵、海米 5 克、鹌鹑蛋 4 个

辅料：姜 5 克、香葱 5 克、蒜 5 克、油 15 毫升、盐 5 克、白砂糖 5 克、蚝油 20 毫升、生抽 10 毫升、老抽 5 毫升、水淀粉 15 毫升

做法：

1 北豆腐切成长5厘米、宽1厘米、高1厘米的长条。放入油锅中，大火煎至豆腐收缩、表面变硬、颜色变深，这样可以炖煮更长时间。

2 香葱切段，姜去皮、切菱形片，蒜和松茸切片；整棵油菜焯水备用；墨鱼去皮、洗净、切片；海参水发后切片备用；海米和小花菇提前用水泡10分钟；鹌鹑蛋煮熟、去壳。

3 虾仁放入油锅中煸炒出香味后，放入海米继续煸炒，加入墨鱼片，翻炒变色后，再加入香葱段、姜片、蒜片煸炒。

4 倒入蚝油，煸炒出香味。

5 倒入水没过所有材料，放入海参片、鹌鹑蛋，倒入生抽，加入松茸片和小花菇，大火烧开后放入北豆腐条，转中火，盖盖慢炖。

6 放盐和白砂糖继续炖煮至收汁，倒入老抽（最后倒入保证颜色会亮一些），水淀粉勾芡，起锅，用油菜围边即可。

XO 酱千页豆腐

分量 4 人份　准备 10 分钟　制作 10 分钟

主料：千叶豆腐 260 克、香芹 50 克、青椒 50 克、红椒 50 克
辅料：XO 酱 20 克、蘑菇粉 5 克、油 500 毫升、酱油 5 毫升、
水淀粉 20 毫升、水 70 毫升

做法：

1 千叶豆腐切片，香芹切段，青、红椒切菱形片。
2 起锅倒油，将千叶豆腐炸至表面起泡后捞出沥油。
3 锅中留底油，放入香芹段、青、红椒片和 XO
酱炒香。
4 另起一锅，倒入水、酱油和蘑菇粉混合，放入千
叶豆腐烧至入味，加入水淀粉，收汁即可。

荤菜类

宫保鸡丁

分量 2 人份

准备 20 分钟

制作 15 分钟

主料：鸡胸肉300克、去皮花生仁200克

辅料：姜末5克、葱1根、蒜蓉5克、花椒15克、干辣椒50克、白砂糖15克、油500毫升、盐5克、酱油30毫升、料酒15毫升、水淀粉45毫升

做法：

1 鸡胸肉切成1.5厘米见方的丁，葱切小段，干辣椒剪段、去子。

2 鸡丁加入30毫升水淀粉和15毫升酱油，腌制20分钟。

3 用剩余的水淀粉、酱油、盐、白砂糖和料酒调成芡汁。

4 锅中放油，中火烧至油温三成热时放入去皮花生仁，小火炸至微微上色，捞出沥油。

5 中火将油烧至六成热，放入腌好的鸡丁迅速滑炒，约半分钟后捞出沥油。

6 锅中留底油，烧热后放入花椒和干辣椒段，用小火煸出香味，随后放入葱段、姜末、蒜蓉和鸡丁翻炒，调入芡汁，待汤汁渐稠后放入花生仁翻炒数下即可。

TIPS 炸好的花生仁一定要在临出锅前再放入，以保持花生仁的香脆口感。

歌乐山辣子鸡

4人份　准备 15分钟　制作 10分钟

辣子鸡，千万不要记成辣子鸡丁，这可是完全不同的两道菜。要吃酥酥焦焦的鸡肉，选辣子鸡就对啦。

主料：带骨鸡腿肉450克
辅料：熟白芝麻3克、干辣椒30克、姜5克、蒜6克、花椒3克、香油或红油3滴、油500毫升、盐5克、白砂糖5克、酱油5毫升、料酒2毫升、鸡精5克、淀粉1克

TIPS 炸鸡肉丁要有耐心，不必担心鸡皮遇到热油会崩锅，只要油够多，鸡肉中的水分会很快被炸干，不会乱蹦。鸡肉变成焦黄色，不是金黄色，这样的辣子鸡才算比较地道。

做法：

1 姜切丝，蒜切片，干辣椒剪段。将带骨鸡腿肉剁成拇指大的块。

2 用3克盐、1克鸡精、料酒、酱油和淀粉腌制鸡肉块，约10分钟。

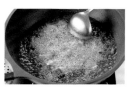

3 锅中倒油，油温六成热时将鸡肉块浸炸大约5分钟。

4 将鸡肉块捞出控油，锅中放入花椒、姜丝、蒜片、干辣椒段，淋入香油或红油，下鸡块煸炒。

5 放入剩余的盐、鸡精、白砂糖，中火炒匀。

6 出锅时撒入熟白芝麻，翻炒后即可出锅。

主料：鸡胸肉500克、青豆100克

辅料：蛋清5个、葱花5克、油700毫升、盐12克、白砂糖2克、小苏打2克、水淀粉15毫升、凉水400毫升、高汤100毫升

芙蓉鸡片

 分量 2 人份　 准备 10 分钟　制作 10 分钟

TIPS 滑鸡片要用温油，火的大小很重要，火大、油温高就变成炸，火小、油温太低不易成形。每次把少量的鸡蓉缓缓滑入锅内，俗称"吊鸡片"，吊成长方形片或者小圆片均可。鸡片要薄厚均匀、大小得当，不起泡、不破碎、洁白细腻。如果鸡片粗糙无法成片，则是鸡肉蓉砸得不细或油温不合适。

做法：

1 鸡胸肉顺着纹路切片，顶刀再切成丝，然后切粒，最后剁成蓉。

2 凉水中放入白砂糖、10克盐和小苏打搅拌均匀，打入鸡肉蓉中。

3 将200毫升油倒入鸡肉蓉中，连续快速搅打。

4 将蛋清搅打均匀，加入鸡肉蓉当中，搅拌成糊。

5 锅中倒油，小火烧至油温二三成热，将鸡肉蓉放入锅中，稍成形后捞出，放入温水中浸泡。

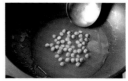

6 锅中留底油，放入葱花和高汤，勾水淀粉，加2克盐，待汤汁变黏稠，放入青豆和鸡肉花翻炒即可。

酱爪鸡脯

 4 人份　　10 分钟　　制作 10 分钟

主料：鸡胸肉 200 克、酱瓜 50 克
辅料：老姜 1 片、香葱 1 棵、酱油 15 毫升、油 15 毫升、盐
3 克、白砂糖 5 克、淀粉 5 克、绍兴黄酒 15 毫升

做法：

1 鸡胸肉洗净，切成 1 厘米见方的小丁，加入绍兴黄酒、酱
油、盐和淀粉抓拌均匀，腌渍片刻。

2 酱瓜切成 1 厘米见方的小丁，老姜切小片，香葱切成葱花。

3 炒锅中注入油，大火加热至四成热，放入鸡丁划散，待鸡
肉变色，盛出备用。

4 继续加热炒锅，放入葱花、姜片爆香，倒入酱瓜丁翻炒片
刻，放入鸡丁，调入白砂糖，翻炒均匀即可。

香脆辣味炸鸡翅

分量 2 人份　准备 10 分钟　制作 20 分钟

咬下一口酥香，冒出的肉汁却不油腻，无论配酒还是佐餐，都香脆入味。

主料：鸡翅中 5 个、鸡蛋 1 枚、面粉 200 克、面包糠 200 克

辅料：姜 3 片、黑胡椒粉 5 克、辣椒粉 5 克、油 100 毫升、盐 10 克、料酒 15 毫升

做法：

1 鸡翅中洗净后沥干，用盐、姜、黑胡椒粉、料酒和辣椒粉腌制 20 分钟。

2 鸡蛋打散，把腌好的鸡翅中依次裹上面粉、蛋液和面包糠。

3 鸡翅中下油锅炸至面粉成形后，再用中小火炸约 5 分钟至鸡翅熟透，捞起沥干油即可。

TIPS

面包糠可以隔油、使食材酥脆并容易成形。用燕麦片、玉米片和隔夜面包也可以替代。

盐焗蜜汁烤鸡腿

 分量 2 人份　 准备 20 分钟　制作 50 分钟

颜色橙红明亮，浓郁的甜香蜜汁气味渗入其中，衬托出肉质的鲜美，诱人食欲。

主料：鸡全腿 1 个、洋葱 1/2 个、杏鲍菇 1/2 个
辅料：蒜 30 克、油 20 毫升、黑胡椒粉 5 克、蜂蜜 5 毫升、生抽 5 毫升、蚝油 5 毫升

做法:

1 鸡腿洗净去骨，蒜切片，将鸡腿肉皮朝下，放入大碗中，拌上蒜片、生抽、蚝油，撒入黑胡椒粉，盖上保鲜膜，放入冰箱冷藏腌制半小时。

2 杏鲍菇洗净、切厚片，锅中放油加热，将杏鲍菇片两面微煎。

3 洋葱切片，把煎好的杏鲍菇片放入烤盘，加入蒜片、洋葱片。放上腌好的鸡腿，撒少许黑胡椒粉。将腌制余料中拌入蜂蜜，作为盐焗蜜汁刷在鸡肉正反两面上。

4 放入预热至 200℃的烤箱中层，烤制 30～40 分钟。每隔 10 分钟可以补刷一下盐焗蜜汁。

TIPS

鸡腿色泽诱人、香气扑鼻，利用了蜂蜜和鸡肉中蛋白质高温条件下发生的美拉德反应。红烧肉和北京烤鸭也是用同样的原理。

主料：冬笋 200 克、猪里脊 200 克

辅料：蛋清 1 个、葱末 10 克、姜末 10 克、油 500 毫升、香油 2 滴、盐 5 克、白砂糖 3 克、水淀粉 5 毫升、鸡精 5 克、料酒 10 毫升、淀粉 3 克、高汤适量

冬笋炒肉丝

分量 4 人份　准备 10 分钟　制作 10 分钟

做法：

1 将冬笋去除皮和根部，切成笋丝。

2 锅中倒水，放 2 克盐，烧开后放入笋丝焯一下，捞出备用。

3 猪里脊洗净、切丝，放 3 克盐、鸡精、蛋清、料酒和淀粉抓匀，腌制 5 分钟。

4 大火将锅烧热后倒入凉油，转小火，油温三成热时放入里脊丝划散。

5 将笋丝放入漏勺中，待里脊丝颜色变黄后，连同热油一起倒在笋丝上。

6 锅中放底油，大火爆香葱姜末，倒入里脊丝和笋丝，调入白砂糖，出锅前加高汤和水淀粉，点入香油即可。

荔枝肉

 分量 2 人份　　准备 2 分钟　　制作 20 分钟

福州荔枝肉是闽菜中的传统菜式，色、形、味皆似荔枝，具有浓郁的南国特色。
酸香味从厨房中飘出，便让人不由得想要大啖"荔枝"三百颗了。

主料：猪里脊 300 克、马蹄 100 克
辅料：蛋黄 1 个、红曲米 10 克、葱末 15 克、蒜末 5 克、油 300 毫升、白砂糖
20 克、酱油 5 毫升、番茄酱 20 克、料酒 5 毫升、白醋 30 毫升、淀粉 10 克

做法：
1 猪里脊洗净、切大厚片，表面切十字花刀，再斜切为小三角片。
2 马蹄削皮，取一半马蹄，每个切成 4 小块，另一半备用。
3 红曲米碾成粉，马蹄块与肉片用淀粉、红曲米粉、料酒和蛋黄抓拌。
4 用肉片包裹马蹄块成肉球。将番茄酱、白醋、白砂糖、酱油和 50 毫升水调成
卤汁。
5 炒锅放油，油温五成热时将备用马蹄炸熟后捞出，倒入肉球炸至断生后捞出，
油温七八成热时，复炸至壳硬且金黄熟透，捞出控油。
6 另起锅倒入底油，放入葱末和蒜末煸香，倒入卤汁烧开，加入炸好的肉球和
马蹄翻炒，均匀上色即可。

TIPS　福州荔枝肉、东北锅包肉、菠萝咕咾肉与糖醋里脊，都是酸甜口的代表
菜，制作和口味各有千秋。酸甜的做法还有茄汁、鱼香、糖醋等，可以
应用在家常菜肴上。

蚂蚁上树

2 人份   2 分钟   10 分钟

主料：红薯粉丝 150 克、肉末 30 克

辅料：葱 10 克、姜 10 克、蒜 10 克、香葱 10 克、油 10 毫升、盐 4 克、生抽 10 毫升、郫县豆瓣酱 10 克、高汤 100 毫升

做法：

1 红薯粉丝剪成 20 厘米长的段后温水泡发，葱、姜、蒜切末，香葱切成葱花备用。

2 热锅倒油，加入葱、姜、蒜末炒香，再加入郫县豆瓣酱，炒出红油后放肉末翻炒至变色，最后加入盐、生抽和高汤煮沸。

3 放入红薯粉丝并用筷子拨散，中火煮 7 分钟后大火收汁，装盘后撒上葱花即可。

干炸丸子

 分量 4 人份

 准备 10 分钟

制作 5 分钟

说到鲁菜，干炸丸子绝对算得上一号。怎样才能将丸子炸得像餐厅里那样酥脆呢？

主料：前臀尖 200 克
辅料：葱姜水 80 毫升、油 500 毫升、盐 3 克、黄酱（湿）10 克、 老抽 7 毫升、玉米淀粉 50 克

做法：

1 将前臀尖切片，之后切丝，再切粒，剁成肉泥，放入盆中。在肉泥中加入黄酱、盐和老抽，搅拌均匀。

2 将葱姜水分三次倒入馅料中，搅拌均匀。

3 把玉米淀粉倒入肉馅中，先用筷子搅拌均匀，然后用手用力摔打 1 分钟，使肉馅上劲。

4 锅中放油，油温六成热时将肉馅制成小丸子，依次放入油锅中（始终使用大火）。待所有丸子都放入锅中炸至成形后，捞出控油。

5 再次加热锅中的油，油温七成热时，把丸子全部倒入锅中，丸子变色后将整个油锅端下来。注意丸子不要捞出，就浸泡在热油中，这叫"蹲锅"，大约 30 秒后，再次将锅放在大火上。

6 用漏勺不停地搅拌锅中的丸子，并时不时地捞上来，在漏勺中腾空颠几下，这样反复几次，丸子会更加疏松酥脆，直到所有丸子都炸成枣红色，捞出控油即可。

肉末粉丝炒包菜

⟳ 分量 2 人份　⟳ 准备 2 分钟　⟳ 制作 10 分钟

主料：猪肉馅 30 克、绿豆粉丝 30 克、圆白菜 1/2 棵

辅料：料酒 5 毫升、老抽 5 毫升、白砂糖 5 克、干辣椒 1 个、姜 1 片、蒜 1 瓣、生抽 15 毫升、油 30 毫升、盐 3 克

做法：

1 绿豆粉丝泡软后剪成 10 厘米长的段；圆白菜洗净、控干，切成 0.5 厘米宽的丝；姜、蒜分别切碎；干辣椒掰成段。

2 炒锅中倒入 15 毫升油，大火加热至五成热时放入干辣椒段、姜末和蒜末煸香，放入猪肉馅翻炒至变色，倒入料酒和老抽翻炒均匀，加 1 杯水，放入绿豆粉丝煮熟，待汤汁几乎收干时盛出。

3 另取一个炒锅，倒入剩余的油，大火加热至五成热时，放入圆白菜丝煸炒，略变色后倒入生抽，把炒好的肉末粉丝加入到圆白菜丝中，放白砂糖快速翻炒，把粉丝炒散后加盐即可出锅。

肉末酸豆角

🔶 4 人份　　🔶 10 分钟　　🔶 10 分钟

主料：猪肉馅 100 克、酸豇豆 200 克
辅料：泡椒适量、香葱 1 棵、老姜 1 片、蒜 1 瓣、油 15
毫升、酱油 15 毫升、白砂糖 10 克、绍兴黄酒 15 毫升

做法：
1 酸豇豆切粒，泡椒切碎，老姜、香葱、蒜分别切碎备用。
2 炒锅用大火烧热，倒入油，油温五成热时放入葱、姜、
蒜末和泡椒煸香，放入猪肉馅翻炒至变色。
3 烹入绍兴黄酒，翻炒均匀，加入酸豇豆粒翻炒片刻，调
入酱油和白砂糖，翻炒均匀即可。

鱼香肉丝

 2 人份

准备 5 分钟

制作 15 分钟

鱼香肉丝是大家再熟悉不过的一道川菜，仅用肉丝、冬笋丝和木耳丝加调料一同烹熟，就能做出鱼的味道，很是神奇。

 TIPS

调好芡汁之后用筷子头蘸着试一下味道，根据个人口味再调整。

主料：猪腿肉 200 克、水发冬笋 80 克、水发木耳 3 朵

辅料：水淀粉 25 毫升、姜末 3 克、蒜末 2 克、泡红辣椒 10 克、葱花 4 克、酱油 10 毫升、盐 3 克、料酒 10 毫升、香醋 10 毫升、白砂糖 5 克、油 30 毫升、肉汤 15 毫升

做法：

1 猪腿肉洗净去筋膜，横向切成 6 厘米宽、0.2 厘米厚的大片，再切成如火柴棍大小的肉丝。

2 肉丝中调入 15 毫升水淀粉，搅拌均匀、上浆。

3 水发冬笋洗净，切成与肉丝相同粗细的笋丝；水发木耳去蒂、切丝；泡红辣椒剁细末。

4 将葱花、酱油、盐、料酒、香醋、白砂糖和 10 毫升水淀粉和肉汤调成芡汁。

5 大火烧热锅中的油，油温六成热时，放入肉丝划散。

6 加入姜末、蒜末和泡红辣椒末爆炒出香味后，将冬笋丝和木耳丝放入翻炒片刻，倒入芡汁，颠翻数下将汤汁兜匀、收稠即可。

尖椒榨菜炒肉丝

2人份　2分钟　10分钟

主料：绿尖椒2个、榨菜50克、猪里脊100克
辅料：老姜1片、香葱1棵、蒜1瓣、油15毫升、盐3克、白砂糖10克、老抽5毫升、生抽15毫升、香醋5毫升、淀粉5克、白胡椒粉3克、绍兴黄酒5毫升

做法：

1 绿尖椒斜切成圈，蒜切成蒜末，老姜切丝，香葱切成葱花备用。
2 猪里脊切细丝，加入老抽、绍兴黄酒、淀粉、白胡椒粉和少许盐抓拌均匀，腌渍片刻。
3 大火加热炒锅，倒油，油温五成热时放入葱花、姜丝、蒜末煸香，放入里脊丝划散，肉变色后盛出备用。
4 炒锅中留底油，放入尖椒圈翻炒至略变色，加入榨菜一同煸炒，加少许水，待水收干后加入肉丝并烹入香醋、生抽，调入白砂糖和盐，翻炒均匀即可。

干煸豇豆五花肉

🕐 分量 2 人份　🕐 准备 10 分钟　🕐 制作 15 分钟

主料：豇豆 150 克、土豆 100 克、五花肉 80 克
辅料：葱 10 克、姜 5 克、蒜 15 克、花椒 2 克、干辣椒 10 克、油 60 毫升、盐 2 克、白砂糖 5 克、酱油 15 毫升、料酒 15 毫升

做法：

1　豇豆洗净，去头尾后切成 6 厘米长的段；土豆去皮，切成与豇豆等长的条，放入清水中浸泡。

2　花椒和干辣椒分别用清水浸泡 3~5 分钟，沥干水分后，将干辣椒切段。

3　锅中倒油，将豇豆入锅煸至表皮变皱后盛出备用。

4　土豆条沥干水分后，用热油煸至微焦后盛出备用。

5　五花肉切块，锅中留底油，放入五花肉块煸出油脂后捞出。

6　将花椒和干辣椒段小火煸出香味，转大火放入葱、姜、蒜爆香，放入煸好的豇豆、土豆和五花肉块，加入料酒、白砂糖、酱油和盐，翻炒均匀后出锅即可。

豆芽火腿粉丝煲

 3~4 人份　 10 分钟　 15 分钟

主料：黄豆芽 150 克、干粉丝 50 克、蟹肉棒 30
克、火腿 30 克、青蒜 15 克

辅料：咸鸭蛋黄 5 克、油 20 毫升、酱油 20 毫升、
XO 酱 15 克

做法

1. 黄豆芽去根、洗净，干粉丝用清水泡软。
2. 火腿切丝，青蒜洗净、切小段。
3. 锅烧热倒油，放入咸鸭蛋黄炒散后，放入泡软
的粉丝，用筷子持续搅拌，直至水分收干，粉丝
微微发硬。加入酱油、XO 酱、蟹肉棒和火腿丝炒
匀，出锅前放入青蒜段即可。

主料：牛里脊200克、草菇50克、芥蓝少许

辅料：蚝油10毫升、老抽4毫升、生抽3毫升、鸡精1克、白砂糖3克、白胡椒粉1克、香油适量、淀粉5克、葱段10克、姜片5克、小苏打2克、蛋液少量、水淀粉3毫升、油30毫升

蚝油牛肉

份量 4人份　准备 20分钟　制作 15分钟

做法：

1 将牛里脊切薄片，浸泡20分钟后控干，放入小苏打和温水。芥蓝焯水，草菇切片、焯水。

2 牛里脊肉片中加入蛋液和淀粉，用手抓匀。

3 锅中放油，中火加热至五成热时放入牛里脊肉片划散，肉熟后捞出控干。

4 锅中留底油，小火爆香葱段和姜片。

5 加蚝油煸炒出香味后放入牛里脊肉片、芥蓝段与草菇片。

6 改中火，加入其他调料，用水淀粉勾芡，出锅前点入香油即可。

杭椒牛柳

 2 人份

准备 15 分钟

制作 5 分钟

杭椒清香微辣，牛柳汁浓嫩滑，如此经典的一款家常小炒，可以轻松勾起你的食欲来。

主料：牛柳250克、杭椒100克、鸡蛋1枚

辅料：姜丝1小撮、盐3克、料酒5毫升、生抽15毫升、淀粉5克、水淀粉15毫升、油小半碗

做法：

1 杭椒洗净后斜刀切段，牛柳切细条，鸡蛋取蛋清，加入料酒、蛋清、淀粉和15毫升油拌匀，腌制20分钟。

2 油倒入炒锅中，加热至四成热时下入牛柳，过油划散后迅速捞出。

3 炒锅中留约15毫升余油，烧热后下入姜丝爆香，放入杭椒段煸炒2分钟，倒入牛柳大火爆炒，调入盐、生抽，最后用水淀粉勾芡即可。

葱爆羊肉

分量 4人份

准备 5分钟

制作 15分钟

主料：羊后腿肉400克
辅料：葱2根、酱油11毫升、白砂糖14克、白胡椒粉适量、香油2毫升、盐少许、米醋适量、花椒油少许、料酒5毫升、植物油适量

做法：

1 将羊后腿肉顶刀切成0.1厘米厚的肉片，葱洗净、切滚刀块备用。

2 将羊后腿肉片与8毫升酱油、4克白砂糖、白胡椒粉、香油、盐混合，用手反复抓匀上色，倒入适量植物油防止粘连，静置15分钟。

3 将3毫升酱油、米醋、10克白砂糖、少许盐、花椒油和料酒调成料汁，备用。

4 大火烧热炒锅，倒油，转动炒锅，将油全部挂满锅壁，然后将油倒出，只留底油。

5 先放入1/3葱和羊后腿肉片，大火快速翻炒，爆出香气后放入剩下的葱继续猛火翻炒。

6 倒入料汁，大火翻炒，出锅前放入少许白胡椒粉和米醋即可。

TIPS

想做出鲜嫩喷香的葱爆羊肉，一定要猛火才行，虽然步骤好像不太简单，其实整个过程也只有大约一分钟。羊肉下锅前，锅一定要热，所以先要炼锅，让整个锅的温度都上去才能放入羊肉和葱。整个翻炒过程中，火力一定也要跟得上才行。出锅前放入的米醋，不要直接淋在菜肴上，而是要喷到火热的锅边上，让米醋一下子雾化，只留醋香而尝不出醋酸来。

黑豆芽炒腰花

⟳ 分量 2 人份　⟳ 准备 30 分钟　⟳ 制作 10 分钟

主料：黑豆芽 80 克、新鲜猪腰 200 克、彩椒 40 克、青豆角 20 克

辅料：葱末 2 克、姜末 2 克、蒜末 2 克、油 30 毫升、盐 8 克、白砂糖 2 克、白胡椒粉少许、蚝油 15 毫升、生抽 5 毫升、老抽 5 毫升、白醋 20 毫升、料酒 10 毫升、淀粉 10 克、水淀粉 15 毫升

做法：

1 将新鲜猪腰片成两片，剔除白色的腰臊，清洗后切斜纹十字花刀，再改刀成 1.5 厘米的条。

2 将切好的腰花放入碗中，加入白醋、清水，浸泡 15 分钟后沥干水分，加入盐、白砂糖、胡椒粉、老抽、蚝油和淀粉抓匀。

3 黑豆芽去根、洗净，青豆角去尾和老筋，洗净后切段，彩椒洗净、切条。

4 锅烧热放油，将豆角段炸熟后捞出，再将腌好的腰花放入锅中翻炒至七分熟，盛出备用。

5 另起一锅烧热放油，下葱、姜、蒜末爆香后放入生抽、黑豆芽，煸炒至变软，放入腰花和彩椒炒熟，最后淋入水淀粉和白胡椒粉即可。

芫爆肚丝

- 分量 4 人份
- 准备 2 小时
- 制作 15 分钟

主料：香菜梗100克、猪肚250克
辅料：葱3段、姜3片、料酒45毫升、花椒1小把、蒜15克、白胡椒粉20克、盐5克、鸡精5克、醋30毫升、香油2滴、小苏打适量、油500毫升

做法：

1 去除猪肚上多余的油脂和腺体，用小苏打清理干净。

2 将猪肚放入冷水当中，放入2段葱段、姜、料酒和花椒，大火烧开后转中火，炖约2小时。

3 待猪肚熟后捞出，放凉后切细丝；香菜梗切段，蒜切片，剩余的葱切丝。

4 将猪肚丝再次飞水，香菜梗、蒜片、葱丝、白胡椒粉、盐、鸡精和醋调成料汁备用。

5 锅中放油，油温三成热时放入猪肚丝，划开后迅速出锅。

6 锅中留底油，大火烧至八成热，放入划过油的猪肚丝，倒入料汁，出锅时点入香油即可。

蒌蒿香干炒腊肉

分量 4 人份　准备 20 分钟　制作 15 分钟

提起蒌蒿，人们自然把它和春天联系在一起，
拈一筷入口，品一品春天的味道。

主料：蒌蒿 300 克、香干 100 克、腊肉 100 克
辅料：朝天椒 1 枚、蒜 2 瓣、姜 2 片、绍兴黄
酒 15 毫升、白砂糖 5 克、生抽 15 毫升、盐少
许、油 15 毫升

做法：

1 蒌蒿洗净、切段，香干切成细条，腊肉、姜、蒜和朝天椒分别切片。
2 大火热锅后倒油，油温六成热时放入蒜片、姜片和朝天椒片炒香，放
入腊肉片翻炒至肥肉部分微微透明，烹入绍兴黄酒，加入 45 毫升水焖
一下，使腊肉回软。
3 放入香干条和蒌蒿段翻炒，待蒌蒿变色，加入生抽、白砂糖和盐，翻
炒均匀即可。

云腿豌豆

 分量 4 人份   准备 2 分钟 制作 15 分钟

所有的美味都应归功于食材的新鲜，对于云南妈妈来说，最不缺的就是新鲜的食材，再加上妈妈的亲手调理，想不好吃都难。

主料：宣威火腿 30 克、豌豆 300 克
辅料：老姜 5 克、白砂糖 5 克、盐 3 克、油 15 毫升

做法：

1 宣威火腿切成 0.5 厘米见方小粒，老姜切小片。

2 炒锅中倒油，中火加热至五成热，将姜片煸炒至微微发干，放入火腿粒翻炒片刻。

3 加入豌豆翻炒，豌豆变得更绿后加 1 小碗水、盐和白砂糖，焖煮至豆子软烂即可出锅。

河海鲜类

清炒河虾仁

4人份 ⏱ 15分钟 ⏱ 15分钟

苏帮菜中最惹人喜爱的菜肴之一就是清炒河虾仁，一颗颗晶莹剔透，吃到嘴里筋道滑爽，清淡却不寡味，等到鲜味慢慢在口中融化开来，一点清甜回绕舌尖，美味流连。

主料：河虾500克
辅料：盐7克、食用碱5克、淀粉3克、水淀粉5毫升、蛋清1/2个、小葱2棵、油50毫升

○ TIPS

上浆前要将水分控干，或用干净毛巾把水吸干，上浆后将虾仁放入冰箱中静置15分钟口感更佳。

做法：

1 剥去河虾外壳，将虾仁放入碗中洗净；小葱洗净、切段。

2 沥干虾仁，加入5克盐和食用碱，浸泡15分钟后冲水，去掉碱味。

3 虾仁控干水分，加2克盐、蛋清和淀粉搅匀上浆，放入冰箱冷藏10分钟。

4 炒锅中放油烧至温热（约三成热）后转中小火，放入虾仁滑炒至颜色变白，捞出控油备用。

5 炒锅留底油，中火加热至油温五成热时，放入小葱段煸出香味。

6 放入虾仁翻炒，也可以加少许鸡粉，炒匀后淋入水淀粉勾薄芡即可。

豌豆玉米虾仁

 分量 2 人份　 准备 20 分钟　 制作 10 分钟

主料：豌豆 150 克、鲜虾 200 克、玉米粒 100 克、菠萝 100 克、甜杏仁 80 克

辅料：油 15 毫升、盐 15 克、料酒 10 毫升

做法：

1 鲜虾洗净后去头、去须、开虾背，将虾线取出，加料酒和 10 克盐腌制 20 分钟。

2 豌豆去豆荚后洗净，将豌豆、玉米粒分别焯熟后沥干，冷水冲凉备用。

3 菠萝用盐水冲洗后，切 1 厘米见方小丁。

4 炒锅中放油烧热，倒入腌制好的虾仁快炒 3 分钟，待虾仁稍变色时加入豌豆、玉米粒、菠萝丁和甜杏仁一起翻炒，放盐调味。

 TIPS

烹调虾仁时，注意油熟后才可入锅，待虾仁变色后马上捞出，这样不仅美味而且美观。

大虾炒白菜

4人份　　10分钟　　10分钟

主料: 大虾300克、白菜叶200克

辅料: 葱20克、姜10克、油10毫升、盐5克、白砂糖10克、酱油5毫升、料酒10毫升

做法:

1 大虾沿背部剖开、挑去虾线，白菜叶撕成大块，葱切丝，姜切末。

2 锅中倒油，烧至六成热，放入姜末和一半葱丝，爆香后放入大虾和料酒，用小火慢慢煸炒出虾油。

3 放入白菜叶炒熟后，加入盐、白砂糖和酱油翻炒均匀，盛盘后以葱丝点缀即可。

韭菜花酱炒小河虾

🔄 分量 2 人份　🕐 准备 2 分钟　🕐 制作 10 分钟

主料　小河虾 100 克、新鲜韭菜花 80 克
辅料　腌韭菜花 50 克、油 300 毫升

做法：

1　小河虾冲洗干净后沥水，新鲜韭菜花洗净后切段备用。

2　坐锅倒油，油温七成热时倒入小河虾炸 3 ~ 5 分钟至酥脆，捞出沥油备用。

3　锅中留底油，放入腌韭菜花翻炒，再放入新鲜韭菜花段翻炒 1 分钟，最后加入小河虾翻炒出锅。

 TIPS　腌韭菜花比较咸，所以炒菜时不用额外加盐。还可在最后加入炸好的花生米，增添风味。

椒盐虾蛄

 分量 4 人份

准备 15 分钟

制作 15 分钟

虾蛄又叫皮皮虾，它也没想到自己没在美食届混出名气，倒是在表情包圈一夜走红。走，一起去吃皮皮虾！

主料：虾蛄 500 克、炸花生米 50 克

辅料：姜片 10 克、油 350 毫升、盐 10 克、料酒 15 毫升、辣椒碎 15 克、孜然粉 5 克、花椒粉 3 克、淀粉 15 克

TIPS

海鲜类食材不能腌制太久。油温四五成热时，将筷子放入油中，筷子周边会有小气泡，手放在油上方时可以感到热度；油温七八成热时会有明显的烟，油面平静。复炸时持续大火，油保持高温，可以使食材酥脆，也能逼出食材内的油。

做法：

1 将虾蛄用流水冲洗干净后倒入盆中，加盐、料酒、姜片搅拌，放到另一盆中。

2 将淀粉均匀地撒在虾蛄上，抖掉多余淀粉。

3 坐锅倒油，油温四五成热时，分批放入虾蛄炸 3 分钟，控油捞出，等油温升至七八成热时，再次放入虾蛄炸 1 分钟至金黄，控油捞出。

4 关火后将锅中的油倒掉，再将虾蛄放入锅中，放辣椒碎、孜然粉、花椒粉和炸花生米，与虾蛄翻拌裹匀即可。

蒜蓉辣椒蟹

🔄 分量 2 人份　🔄 准备 5 分钟　🔄 制作 8 分钟

市场里的酱料琳琅满目，每一种滋味与食材相结合都能迸发出新的火花。以酱入菜，让平淡的菜肴别有风味。蒜蓉辣椒酱既能去腥，又能激发出蟹肉的甘甜。

主料：花蟹2只
辅料：蒜蓉辣椒酱40克、葱段8克、姜片8克、香菜8克、盐1克

做法：
1 花蟹洗净、斩件，滤干水分。
2 锅中热油，下葱段、姜片炒香，放花蟹块炒至变色，加入蒜蓉辣椒酱炒匀。
3 加盐调味后装盘，撒上香菜即可。

椒盐多春鱼

 2人份   8分钟 制作 10分钟

多春鱼简单用盐腌制，微微煎烤后就是一道美味。其表皮酥脆、鱼肉鲜美，鱼子在齿间爆裂，是下酒的好菜。

主料：多春鱼8条
辅料：柠檬1个、油15毫升、盐5克、白胡椒粉3克、七味粉（或日式椒盐）5克、香葱丝3克

做法：

1 多春鱼洗净、去鳃，从鳃部将鱼肠揪出，用厨房用纸吸干水分，挤入1/2个柠檬的汁，加白胡椒粉和盐腌制5分钟。

2 锅中倒油，逐一放入多春鱼，小火将两面煎至焦黄后盛出，放在厨房用纸上吸掉多余的油，摆入盘中。

3 撒上七味粉（或日式椒盐）和香葱丝，也可再挤少许柠檬汁食用。

TIPS

处理多春鱼只需从鳃处将鱼肠揪出，去掉鳃即可，不能开膛，避免鱼子爆出。

香煎麻辣秋刀鱼

 分量 4 人份   准备 40 分钟   制作 20 分钟

秋刀鱼特别能代表海洋的味道，不少美食家都为之垂涎。

主料：秋刀鱼 800 克、鸡蛋 1 枚

辅料：姜 20 克、花椒粉 10 克、淀粉 15 克、辣椒粉 5 克、盐 5 克、粗粒海盐 50 克、料酒 20 毫升、油 30 毫升、柠檬汁 10 毫升

做法：

1 秋刀鱼去除内脏后洗净，姜切成细丝。

2 洗净的秋刀鱼用盐、料酒和姜丝腌制半小时。

3 淀粉和鸡蛋放入盆中拌匀，逐条放入秋刀鱼，让鱼的表面粘上淀粉蛋液。

4 锅中放油，中大火烧热后将鱼逐条放入，煎至两面金黄后沥干油。

5 烤箱上下火预热至180℃，烤盘里铺粗粒海盐，将秋刀鱼平整地摆放在粗粒海盐上并淋上柠檬汁，放入烤箱烤 5 分钟左右。

6 辣椒粉和花椒粉混合均匀，撒在烤好的秋刀鱼上即可。

韭菜炒花蛤

- 分量 3人份
- 准备 1天
- 制作 10分钟

韭菜作为早春时节的时令蔬菜之一跟花蛤搭配，成为非常适合春季食用的养生菜。不仅味道鲜美，因含有丰富的维生素A，还有美白、明目和护肤的功效。

主料： 花蛤500克、韭菜120克、胡萝卜30克、豆芽30克

辅料： 香葱3克、姜片5克、蒜片5克、油5毫升、料酒5毫升、美人椒片5克、盐3克、酱油5毫升

做法：

1 花蛤提前一天吐沙，胡萝卜切丝，韭菜、香葱切段。

2 花蛤焯水，开口的捞出备用。

3 姜片、蒜片爆香，放入花蛤翻炒，加料酒，倒入胡萝卜丝和豆芽炒匀，加盐、酱油调味。

4 放入韭菜段翻炒半分钟，撒香葱和美人椒片出锅。

第三章

大菜硬菜

荤菜类

新疆风味大盘鸡

分量 3 人份　准备 10 分钟　制作 35 分钟

火辣的大盘鸡就像豪爽好客的新疆人。浓稠的汁、热烈的香，吃完后加入皮带面拌食，大盘盛装，大快朵颐。鸡肉富含优质蛋白，配上青椒和土豆，好吃又营养。

主料： 三黄鸡 1/2 只、土豆 150 克、洋葱 100 克、番茄 100 克、胡萝卜 100 克、红尖椒 100 克、绿尖椒 100 克

辅料： 豆瓣酱 50 克、蒜末 10 克、姜末 10 克、花椒 10 粒、大料 1 个、干辣椒 5 个、孜然粉 10 克、白砂糖 10 克、盐 10 克、料酒 30 毫升、老抽 5 毫升、油 100 毫升、醋 5 毫升

做法：

1 三黄鸡去杂质后洗净，切成大块。

2 土豆、胡萝卜、番茄、洋葱、红绿尖椒均洗净后切块备用。

3 鸡块用开水烫 1 分钟后捞出，花椒放油里小火炸出香味，捞去花椒，剩油备用。

4 放入姜末、蒜末、大料和干辣椒炒出香味后，放入鸡块炒 5 分钟，加入料酒、适量清水、白砂糖、老抽和醋。

5 大火煮开后小火炖 20 分钟，放入土豆、胡萝卜、洋葱、番茄、豆瓣酱和孜然粉，炖至土豆八分熟，加盐后继续炖 5 分钟。

6 放入红绿尖椒，炖 2 分钟即可出锅。

茶油鸡

分量 3 人份

准备 30 分钟

制作 35 分钟

主料：土鸡 1 只
辅料：茶籽油 100 毫升、米酒 50 毫升、青红椒 10 克、洋葱 10 克、干红辣椒 10 克、姜 5 克、蒜 5 克、盐 3 克、生抽 10 毫升、料酒 30 毫升

做法：

1 土鸡斩成小块，焯水后沥干，加盐和料酒抓匀，静置 30 分钟。
2 青红椒、洋葱切碎，干红辣椒切段，姜切片，蒜剥瓣备用。
3 热锅倒入茶籽油，放干红辣椒段、姜片、蒜瓣爆香，再放入土鸡块，倒入米酒不断翻炒至鸡块表面金黄。
4 倒入青红椒碎、洋葱碎和盐，淋生抽后焖煮至鸡肉熟软即可。

TIPS 茶油鸡选茶籽油烹制，味道格外鲜香，鸡肉的口感非常嫩滑。在所有食用油中，茶籽油的不饱和脂肪酸含量最高，食用后极易被人体吸收，能减轻消化系统的负担，非常适合老人食用。

北菇蒸滑鸡

 3 人份　　 10 分钟　　 40 分钟

这道经典粤菜蒸菜中用的北菇全称叫"粤北香菇",肉厚柄短,清新鲜美,含有的香菇多糖有提高免疫力的作用,可以用普通冬菇代替。

主料:三黄鸡 1/2 只、干香菇 6 朵、干木耳 15 克
辅料:香葱 1 棵、老姜 2 片、生抽 15 毫升、老抽 7
毫升、白砂糖 5 克、蚝油 5 毫升、香油 5 毫升、油 5
毫升、花雕酒 15 毫升、淀粉 15 克

做法:
1 干香菇和干木耳分别用冷水浸泡至回软,捞出洗净、滤干。
2 三黄鸡洗净、切块,香葱切成葱花,老姜切丝备用。
3 鸡块放入大碗中,加除葱丝和姜丝外的调料拌匀,加入一半葱花、姜丝、木耳和香菇拌匀,腌半小时。
4 蒸锅中加水,大火烧开,鸡块连汤倒入盘中,放入蒸锅大火蒸 20 分钟,出锅后撒上剩余的葱花即可。

电饭煲葱油鸡

 分量 3 人份　　准备 10 分钟　　制作 2 小时

主料：三黄鸡 1 只

辅料：小葱 100 克、姜 100 克、香油 10 毫升、盐 5 克、白胡椒粉 5 克、豉油鸡汁 30 毫升、料酒 20 毫升

做法：

1 姜切片，小葱洗净，将盐、白胡椒粉均匀地抹在鸡身上，将三分之一的姜片和小葱塞进鸡肚中。

2 电饭煲底铺上剩余的姜片和小葱，放入整鸡后均匀地浇上料酒、豉油鸡汁和香油，电饭煲蒸 2 小时即可。

南姜鲍鱼焖鸡

🔄 分量 4 人份

🔄 准备 60 分钟

🔄 制作 30 分钟

鲍鱼和鸡肉是粤菜经典的搭配，加入南姜可以去腥提味、温胃散寒，别看它是个硬菜，其实特别好做。

主料：南姜80克、三黄鸡1/2只、新鲜鲍鱼8只

辅料：洋葱片50克、蒜50克、小葱3根、香菜梗5克、朝天椒3个、山茶油或菜籽油80毫升、生抽35毫升、老抽10毫升、料酒60毫升、蚝油30毫升、沙姜粉5克、蒜头粉5克、白砂糖5克、白胡椒粉3克

做法：

1 南姜洗净、切片；三黄鸡斩麻将大小的块，焯净血水后沥干水分，放入5毫升生抽、5毫升老抽、30毫升料酒、沙姜粉和蒜头粉，腌制1小时。

2 平底锅放油，将鸡块煎至两面金黄并出油后盛出。

3 锅内留底油，放入南姜片、蒜、洋葱片、小葱、香菜梗和朝天椒，炒出香味后放入鸡块翻炒2分钟，淋入30毫升料酒，再放入蚝油、生抽、白砂糖、老抽和白胡椒粉，加水没过鸡块，炖15分钟，再放入鲍鱼继续炖至汤汁浓稠，装盘即可。

干锅
黄焖鸡

 3 人份

 15 分钟

 15 分钟

干锅黄焖鸡很辣、很麻、很过瘾，制作方法一定很难吗？有没有一学就会的方法呢？

主料：去骨鸡腿500克、莴笋150克、茶树菇100克、香芹50克

辅料：仔姜2片、蒜30克、香葱50克、干辣椒50克、麻椒30克、青花椒10克、郫县豆瓣酱50克、盐5克、白砂糖5克、老抽3毫升、料酒30毫升、白胡椒粉3克、鸡精3克、藤椒油15毫升、油100毫升、高汤或清水350毫升

做法：

1 将去骨鸡腿洗净，切成鸡肉条，加入2克盐、2克鸡精、料酒和白胡椒粉，腌制10分钟。

2 莴笋切条，香芹切小段，仔姜切片，香葱切段。

3 锅中放油，大火加热至油温六成热后放入茶树菇，炸至微微金黄，捞出备用。

4 用底油将鸡肉条煸炒到金黄后捞出。

5 蒜、仔姜段、干辣椒和麻椒爆香后放入郫县豆瓣酱炒出香味，加入鸡肉条、茶树菇和莴笋条翻炒片刻，再加入高汤或水，烧开后加入青花椒稍煮，倒入料酒和老抽再煮2分钟，放盐、白砂糖和鸡精，大火收汁，出锅前加入香芹段、香葱段和藤椒油即可。

小鸡
炖蘑菇

 分量 2 人份

 准备 50 分钟

 制作 70 分钟

这道最具白山黑土气息的小鸡炖蘑菇堪称"东北四大炖"之首。榛蘑经过阳光的狠狠暴晒，仿佛锁住了森林的木香，变成了无上的美味，与粉条一起咕嘟嘟慢炖，便是东北故事里美滋滋又热乎乎的冬日情怀。

主料：土仔鸡500克、干榛蘑200克、粉条200克

辅料：姜2片、葱3段、干红辣椒5个、八角2个、油25毫升、盐5克、老抽15毫升、生抽10毫升、料酒适量

做法：

1 干榛蘑提前洗净，用温水泡发，摘去老根后反复冲洗并控干水分。

2 土仔鸡洗净，斩成小块；锅中加水烧热，放入鸡块和料酒煮开，撇去浮沫，捞出备用。

3 炒锅中放油加热，放入葱段、姜片、八角和干红辣椒，炒香后加入鸡块翻炒，淋入生抽、老抽和料酒。

4 将炒锅中的鸡块和汤汁全部倒入砂锅中，加水没过食材，大火烧开后加入榛蘑，加盖小火炖煮1小时。

5 汤汁收浓后加入粉条和盐，稍炖即可出锅。

啤酒鸭

 分量 3 人份　 准备 10 分钟　制作 15 分钟

主料：麻鸭 500 克、青红椒各 1/2 个
辅料：葱段 20 克、姜片 20 克、蒜片 20 克、
八角 1 颗、花椒 15 克、桂皮 1 块、油 15 毫
升、盐 8 克、干辣椒 15 克、生抽 20 毫升、啤
酒 600 毫升

做法：
1 麻鸭斩块，青、红椒切块，备用。
2 鸭块冷水入锅，煮开后继续煮 5 分钟后捞
出，冲洗干净。
3 锅中倒油，加入鸭块并煸炒至鸭块明显缩
小，出油后即可盛出。
4 锅中放入姜片、蒜片、干辣椒、八角、花
椒、葱段和桂皮炒香，然后加入鸭块煸炒 5 分
钟，加入生抽和啤酒，大火烧开后转小火，盖
上锅盖焖。汁水完全收干后，放入青、红椒块
炒至断生，加盐调味即可。

家常苏式酱鸭

 4 人份　　 120 分钟　　 120 分钟

苏式酱鸭是苏州的特产卤味，色泽红艳、卤香浓郁，让人吮指难忘。离了苏州依旧怀念那红艳艳的苏式酱鸭？那唯一的办法就是自己动手做家常版的喽。

主料： 光鸭 1 只

辅料： 粗盐 5 克、酱油 80 毫升、白砂糖 50 克、桂皮 5 克、八角 3 克、丁香 5 枚、砂仁 2 颗、红曲米粉 20 克、葱结 30 克、老姜 30 克、绍兴黄酒 75 毫升、冰糖 50 克

TIPS

1. 最好选用苏州娄门大鸭或太湖鸭，也可以用体形相似的板鸭、麻鸭制作。

2. 用盐揉搓鸭子进行腌制的步骤切不可偷工减料，尤其是鸭胸和鸭腿这些肉厚的部分，可以使用海盐，不要用细盐，细盐容易融化吸收，会导致鸭子过咸。而且细盐没有颗粒感，起不到摩擦鸭肉的作用。

3. 卤汁的配比可以根据个人口味调整，一定要加入红曲米，使成品颜色红艳诱人。红曲米粉一定要细，否则会在成品上留下红色颗粒，影响美观。

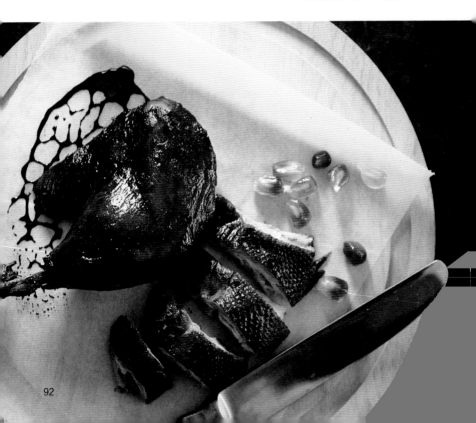

做法：

1 光鸭洗净，择净细毛。浸泡30分钟，出尽血水。

2 用粗盐把鸭子内外都揉搓一遍，可以使鸭子入味，鸭肉松软。

3 将多余的粗盐抖掉，放在阴凉处腌2小时。夏季可适当缩短腌制时间，或放入冰箱过夜。

4 在深锅中放入3升水，放入鸭子，大火煮开，将鸭子捞出，冲洗干净。

5 重新换一锅水，大火烧开后放入鸭子，加入葱结、20克老姜，小火再煮10分钟。

6 鸭子捞出后控干水分，用厨房用纸或吸水布将鸭子里外都擦干。

7 在鸭子表面涂上薄薄的一层酱油，放在盘子里晾干。

8 深锅中倒入大量油，中火加热至油温五成热，将鸭子慢慢放入锅中炸，将热油反复淋在浸不到油的部分，直至鸭皮呈现漂亮的金黄色。炸过的鸭子表皮变薄，做成的酱鸭不会过于肥腻。

9 在煮鸭子的鸭汤中加入酱油、50毫升绍兴黄酒、白砂糖、桂皮、八角、丁香和砂仁。

10 重新放入打结的香葱和拍破的老姜。调入10克红曲米粉，大火烧开。

11 鸭子放入汤汁中煮60分钟，期间要经常翻面使颜色均匀。可以用筷子轻松地插入鸭肉时即可起锅，控干后放在盘中放凉。

12 取约500毫升卤鸭汤，加入剩余的红曲米粉、冰糖、剩余的绍兴黄酒和老姜。小火烧开，熬成黏稠的汤汁，涂抹在鸭身上，鸭子晾干即可切块享用了。上桌时也可将多余的酱汁淋在鸭子上，或放在一边蘸食。

厦门姜母鸭

⟳ 分量 3 人份　⟳ 准备 1 晚　⟳ 制作 3 小时

乍暖还寒春来时，米酒一杯，姜母鸭一块，滋而不腻，温而不燥。春季食补，怎可少了这道佳肴！

主料：番鸭1只、生姜150克、沙姜50克

辅料：盐30克、沙姜粉30克、姜黄粉30克、酱油15毫升、花雕酒60毫升、米酒150毫升、香油100毫升

做法：

1 番鸭洗净、沥干，生姜和沙姜切片。将盐均匀地抹在番鸭上，按摩5分钟，使其入味。

2 再用沙姜粉、姜黄粉、酱油把番鸭涂抹一遍，加15毫升花雕酒、15毫升米酒，腌制一晚。

3 坐锅热油，油温六成热时，放入生姜片与沙姜片爆香，至姜片中水分挥发、体积收缩、颜色变黄即可。

4 将煸炒好的姜片连同香油一起铺在砂锅底，摆上腌制好的番鸭。

5 倒入剩余的花雕酒和米酒，大火炖开后转小火煲2.5小时，待酒收干即可。

电饭煲豉汁排骨

 3 人份　 30 分钟　制作 50 分钟

主料：排骨 500 克

辅料：豆豉 30 克、生抽 10 毫升、盐 3 克、白砂糖 8 克、白胡椒粉 5 克、料酒 10 毫升、淀粉 20 克、葱花 5 克

做法：

1 排骨斩块，用流水冲洗净；取 10 克豆豉，用刀拍碎备用。

2 用厨房用纸吸干排骨块的水分，加入生抽、盐、白砂糖、豆豉碎、豆豉、白胡椒粉、料酒和淀粉，混合均匀。

3 放入电饭锅中，用煮饭模式煮 50 分钟，出锅后撒上葱花即可。

红酒猪蹄

 3 人份

 10 分钟

 40 分钟

主料　猪蹄1只、红酒600毫升、鹌鹑蛋10个、芦笋200克

辅料　八角3个、油20毫升、盐10克、冰糖50克、黑醋15毫升、蜂蜜20毫升

做法

1 猪蹄洗净，斩切成五六块，冷水下锅，水开后撇去浮沫，捞起，洗净备用。

2 锅中烧水，将鹌鹑蛋煮熟，用冷水冲至凉透，剥去蛋壳备用。

3 芦笋洗净，切下芦笋尖部8厘米左右，焯水后放凉备用。

4 锅中倒油烧热，将冰糖炒至褐色，放入猪蹄和八角翻炒，使猪蹄均匀上色。

5 倒入红酒，没过猪蹄，煮沸后改小火，慢炖30分钟。

6 加入黑醋，继续慢炖20分钟，再放入鹌鹑蛋、蜂蜜和盐，大火收汁，装盘。

7 另起锅倒油，烧热后放入芦笋煸炒，加盐调味，装盘即可。

 TIPS

八角在烹饪中应用广泛，如烧、卤、炖、煨等各式菜肴烹调，都可以用八角提味。但需要注意，烹饪方法和食材不同，放入八角的时间也有所不同：炒菜时，可先用八角炝锅，烹出香味；拌菜时，用八角榨油拌凉菜，香味浓郁；炖肉时，肉下锅就要放八角，这样香味可充分融入肉中，去除腥膻异味，使肉味更加醇香；烘焙时，八角常常磨粉使用，制作布丁、蛋糕等甜点；搭配饮品时，多用作各式利口酒的调味剂，也常磨成粉放入咖啡或茶饮中增香。

红烧肉

 分量 3 人份　 准备 5 分钟　 制作 90 分钟

主料：五花肉 500 克

辅料：姜 10 克、香葱 6 克、八角 3 枚 、桂皮 1 块、冰糖 50 克、料酒 60 毫升、生抽 15 毫升、老抽 5 毫升、蚝油 10 毫升、陈皮 2 块、盐 2 克、油 15 毫升、水 2000 毫升

做法：

1　姜切片，香葱切段，五花肉切块。

2　锅里热油，下冰糖小火慢炒至冰糖化开。放入五花肉，小火炒至肉皮金黄，转中火，加姜片、香葱段、八角和桂皮同炒，倒入老抽和生抽调色。转大火，加水，大火煮开，再转中火，倒入料酒、蚝油、陈皮和盐，加盖焖煮 1.5 小时至汤汁浓稠即可。

锅包肉

分量 4人份　准备 5分钟　制作 90分钟

黑土地的锅包肉滋味酸甜、肉片香酥，虽然不是过年才能吃到，但过年却是一定要吃的。

主料：猪里脊300克

辅料：葱1段、老姜2片、米醋50毫升、料酒15毫升、白砂糖125克、高汤125毫升、淀粉60克、水淀粉15毫升、盐3克、油适量、香菜1棵、清水100毫升

做法：

1 猪里脊按垂直肌肉纹理的方向切成0.2厘米厚的肉片，放入大碗中，加盐、料酒、淀粉和水抓匀，腌渍片刻。葱和老姜分别切细丝。

2 另取一个碗，放入高汤、米醋、白砂糖和水淀粉，调成味汁。

3 炒锅中倒油，大火加热至五成热后改中火，把肉片逐片放入油中，炸至表面微黄，捞出控油。

4 油温加热至七成热，放入肉片再炸一次，金黄色时捞出控油。

5 炒锅留底油，大火加热至六成热，放入葱丝和姜丝煸香，烹入味汁，烧至黏稠，放入肉片翻炒均匀后迅速出锅，点缀香菜叶即可。

TIPS

锅包肉重油、重糖，适合团圆时全家分享。

丰收一锅出

分量 4人份　准备 5分钟　制作 40分钟

与豪爽、义气、魔性的东北话一样，东北菜浓郁热烈和盘满钵满的实惠特色，冬季里让人身心都倍感温暖。大盘大碗大锅炖，是东北人直爽性情在美食上的写照，待客也必定盛情敞亮。

主料：排骨200克、油豆角100克、土豆60克、茄子60克、玉米100克、南瓜100克

辅料：姜2片、葱2段、八角1个、油30毫升、生抽15毫升、老抽10毫升、盐5克、水300毫升

做法：

1 葱切段、姜切片；锅中倒水加热，排骨焯水后捞出，沥干备用。

2 玉米切段；油豆角洗净、去筋、去头尾，掰成小段；土豆、茄子洗净、削皮、切块；南瓜洗净、去子、切块。

3 锅中倒油加热，放入葱段、姜片和八角炒香，加入焯好的排骨翻炒，倒入生抽和老抽，倒水没过排骨，待沸腾后调小火，炖煮30分钟。

4 加入油豆角、玉米和土豆继续炖10～15分钟，加入南瓜和盐，炖5分钟后关火即可。

四喜丸子

 分量 4 人份   准备 5 分钟   制作 45 分钟

丸子，这个憨态可掬的家伙在过年时还真是个重要角色，正是因为它圆头圆脑，取团圆之意，所以在倍思亲的佳节时分，更是不可或缺。

主料： 猪前尖肉 500 克、荸荠 5 枚、豌豆尖（或小青菜）250 克

辅料： 香葱 2 棵、老姜 2 片、面包糠（或冷馒头渣）60 克、八角 1 枚、白胡椒粉 7 克、绍兴黄酒 45 毫升、生抽 30 毫升、盐 5 克、老抽 5 毫升、白砂糖 10 克、水淀粉 15 毫升、油 300 毫升

做法：

1 猪前尖肉切小块后剁成粗肉馅（也可直接用猪肉馅），1 棵香葱和 1 片老姜切末，荸荠去皮、切粒，豌豆尖择洗干净并焯熟。

2 在猪肉馅中放入葱姜末，加入生抽、荸荠碎、白胡椒粉、绍兴黄酒 15 毫升、白砂糖和盐，顺一个方向用力搅拌，分次加入少许冷水（约 50 毫升左右），直至肉馅上劲，筷子插在肉馅上而不倒。最后调入面包糠或冷馒头渣搅拌均匀。

3 锅中倒油，中火加热至油温五成热，把肉馅团成拳头大的丸子，滚入油中，将一面炸定形后轻轻滚动翻面，炸至表面金黄，捞出控油。

4 炒锅留底油，大火加热至五成热，煸炒剩余香葱、老姜和八角，放入丸子，再放入冷水，没倒丸子一半处，加入老抽、30 毫升绍兴黄酒和白砂糖，烧开后转小火，加盖焖煮 20 分钟。调成中火，再把汤汁收浓一些，最后淋入水淀粉勾芡。豌豆尖在盘中垫底，把丸子放在上面，淋入汤汁即可。

咸烧白是很多四川人家过年时必吃的菜肴，味道浓郁、特别下饭。

主料：五花肉500克、碎米芽菜150克

辅料：老抽30毫升、料酒5毫升、醪糟10毫升、白砂糖15克、盐5克、油50毫升、花椒20粒、大料1个、葱1根、姜4片

咸烧白

分量 4人份　准备 10分钟　制作 120分钟

做法：

1 碎米芽菜在清水中浸泡5分钟后反复冲洗，除去沙子和多余盐分；姜切片，葱切段。

2 碎米芽菜放入炒锅中，干锅、小火煸炒成干芽菜。

3 将五花肉切大块。肉皮向下放入沸水中，放姜片、葱段、10粒花椒和大料，大火煮熟后捞出控干。

4 将15毫升老抽均匀地涂抹在猪皮上，用竹扦扎小孔，方便入味。

5 锅中倒油，油温六成热时放入猪肉块煎炸，肉皮向下，炸到肉皮皱起，变成金黄色后捞出。待肉皮放凉、回软，切成长条。

6 将肉与15毫升老抽、盐、白砂糖、10粒花椒、料酒和醪糟拌匀。芽菜填到肉中，大火蒸2小时后倒扣到盘中，浇上汤汁即可。

狮子头

 分量 4 人份　 准备 15 分钟　制作 120 分钟

狮子头因不同季节、不同食材的加入会呈现出不同的风味：春天加入春笋粒的春笋狮子头，夏天的河蚌狮子头，秋天用蟹粉做的蟹粉狮子头，还有冬天加入风鸡的风鸡狮子头。

主料：去皮五花硬肋 500 克、大闸蟹 2 只、白菜叶 2 片、小油菜 5 棵
辅料：香葱 3 根、老姜 4 片、鸡蛋 1/2 个、白胡椒粉 2 克、淀粉 10 克、绍兴黄酒 15 毫升、盐 10 克、清鸡汤 1500 毫升

做法：
1　大闸蟹刷洗干净，隔水蒸熟后取出蟹黄和蟹肉。
2　香葱和老姜切末，用 50 毫升冷水浸泡 10 分钟，滤后留下葱姜水。
3　去皮五花硬肋切成粒，再粗斩几下，加入蟹黄（留一部分点缀用）、蟹肉、白胡椒粉、生粉、鸡蛋、葱姜水、绍兴黄酒和盐，顺时针搅拌上劲。
4　锅中加入清鸡汤烧开。取一半肉馅团成肉丸，摔打至表面光滑、呈扁圆形。在肉丸顶部压一个窝，把剩余蟹黄取一点儿放在窝中，将肉丸放到汤中。
5　依此法做好另一只肉丸，放入锅中。待肉丸浮起，盖上白菜叶，再盖锅盖，小火炖 2 小时。
6　小油菜放入滚水中烫 10 秒，狮子头炖好后盛入小盅内，加小油菜点缀即可。

酸菜白肉

 4 人份   准备 10 分钟   制作 40 分钟

五花肉肥嫩鲜香、酸菜脆嫩爽口，真是绝妙的搭配！吃起来痛快又豪爽，令人心满意足。吃完肉，再喝上一两勺酸菜汤，那叫一个爽！

主料：带皮五花肉 100 克、东北酸菜 200 克、泡发粉丝 80 克

辅料：葱丝 5 克、姜片 5 克、蒜片 5 克、干辣椒 2 个、八角 1 个、花椒 5 粒、盐 3 克、油 45 毫升、韭菜花 15 毫升、辣椒油 5 毫升、腐乳 1 块、香菜末 15 克、葱花 15 克、蒜泥 15 克、骨汤或热水 300 毫升

做法：

1 带皮五花肉用小火煮透，放凉后切成大薄片。

2 酸菜洗净，撕下叶子，用刀将菜帮拍扁，厚的地方用刀片薄，依次叠起，切丝。如果酸菜过酸，可以放在冷水里再洗一次。

3 锅烧热后放油，将葱丝、姜片、蒜片、干辣椒、花椒和八角炒香，放入酸菜丝煸炒一下，加骨汤或热水没过酸菜，放入肉片和粉丝，中小火煮 15 分钟，加盐调味。

4 白肉口感稍肥腻，可以自制调料汁调味。将韭菜花、辣椒油、蒜泥和腐乳放入碗中混合均匀，再放入香菜末、葱花等，用来蘸食白肉。

酸汤辣猪手

4人份　10分钟　40分

主料： 猪前蹄2个、青红美人椒各10克、野山椒10根

辅料： 泡野山椒水100毫升、泡姜10克、姜5克、葱5克、蒜5克、盐5克、鸡精5克、白醋5毫升

做法：

1 青、红美人椒切丁，葱切段、姜切片；将猪前蹄竖切一刀，再横切三刀，注意不要切断，清洗干净后，放入热水中烫一下。

2 将猪前蹄放入高压锅中，加入葱段、姜片、蒜炖半小时，取出放凉。

3 将猪前蹄和青、红美人椒丁装入碗中，再放入野山椒，倒入泡野山椒水，没过猪手。

4 放入泡姜、鸡精、盐和白醋，腌制30分钟即可。

粉蒸肉

 分量 4 人份

 准备 30 分钟

制作 50 分钟

主料：五花肉 300 克、甜豌豆 100 克、红薯 1 个、大米 30 克、糯米 100 克、干荷叶 2 片

辅料：花椒 10 粒、八角 1 枚、肉桂粉 5 克、丁香 2 枚、甜面酱 15 克、郫县豆瓣酱 15 克、绍兴黄酒 30 毫升、老抽 5 毫升、白砂糖 10 克、白胡椒粉 3 克

做法：

1 干荷叶放水中泡软；五花肉切成 0.3 厘米厚的大片，加入绍兴黄酒、老抽、甜面酱、郫县豆瓣酱、白胡椒粉和白砂糖抓匀，腌制至少 30 分钟。

2 将大米、糯米和所有香料放入炒锅，小火翻炒至米粒变成金棕色，摊平、放凉后拣出香料，将米放入食品处理机打成小米大小的粒备用，或直接购买蒸肉米粉代替。

3 蒸笼中垫上浸泡过的干荷叶；红薯去皮，切成 1 厘米长的粗条，铺在荷叶上，然后放上甜豌豆。

4 将腌好的肉裹上一层米粉码放在豌豆上，将腌肉剩余的汤汁浇在肉上。蒸锅上汽后，将肉放入蒸锅，大火蒸 40 分钟即可。

萝卜牛腩煲

 分量 4 人份　　 准备 10 分钟　　 制作 2 小时

牛肉中含有丰富的蛋白质，经过加热会产生鲜味，发酵类调料也是鲜味的来源，二者混合是很多中式硬菜的模式，大家闻着味儿通常就会说：好香啊！

主料：牛腩 600 克、白萝卜 1 根
辅料：香葱 5 克、老姜 1 块、八角 1 枚、老抽 30 毫升、绍兴黄酒 250 毫升、冰糖 30 克、盐 3 克、油 15 毫升、热水 300 毫升

做法：

1 牛腩切大块，香葱洗净、打结，老姜用刀拍碎，白萝卜去皮后切成和牛腩块大小相当的滚刀块。

2 炒锅中倒油，放入冰糖，小火加热至冰糖化开，呈金棕色，改大火，放入牛腩翻炒。

3 所有肉块都变色后，倒入绍兴黄酒和老抽翻炒均匀，加热水没过牛肉块，烧开后撇去浮沫。

4 放入香葱结、姜块和八角，用小火加盖煲煮 1.5 小时，然后放入萝卜块继续煲煮 30 分钟，调入盐后大火收浓汤汁即可。

TIPS

牛腩是指牛胸腹部带有筋、肉、脂肪的肉块，特别适合和萝卜、土豆等一起炖烧，荤素搭配迸发绝妙滋味。

番茄牛肉

分量 5 人份

准备 30 分钟

制作 150 分钟

主料：牛腰窝1000克、红葡萄酒350毫升、罐装去皮番茄500克、香芹20克、胡萝卜1根、洋葱2个

辅料：橄榄油30毫升、鲜百里香5克、鲜迷迭香1根、黑胡椒5克、盐5克、马苏里拉奶酪50克、黄油50克

做法：

1 牛腰窝切大块，用100毫升红葡萄酒和黑胡椒腌制30分钟；洋葱、胡萝卜洗净、切块；香芹洗净、切条；鲜百里香和鲜迷迭香洗净。

2 锅中放15毫升橄榄油，中火加热至五成热时加入洋葱块、胡萝卜块、香芹条和百里香，炒至蔬菜变软，再放入罐装去皮番茄，炒大约20分钟。

3 倒入适量开水，再倒入剩余的红葡萄酒，大火烧开后转小火炖煮。

4 另一锅中放油，放牛肉块煎至八成熟，连同锅中的油一起倒入番茄汤锅中，放入迷迭香，中火炖煮大约1.5小时。注意每半小时搅动一次锅，避免煳锅。

5 肉烂后放入盐、马苏里拉奶酪和黄油，这样可以让炖牛肉汤汁更加浓郁。

TIPS 用红葡萄酒腌制牛肉，可以去除牛肉中的异味，同时提升牛肉的滋味和口感。

麻辣牛尾

 分量 4 人份　 准备 30 分钟　 制作 2.5 小时

主料：牛尾 1000 克
辅料：干辣椒 10 克、花椒 5 克、姜片 15 克、葱 15 克、蒜 15
克、油 10 毫升、盐 5 克、蚝油 8 毫升、生抽 10 毫升、老抽 5
毫升、料酒 20 毫升、葱花 3 克、香菜 3 克

1　牛尾切段，放清水中浸泡 0.5 小时，捞出
冲净血水，凉水下锅，加料酒、一半葱和姜
片，水开后煮 5 分钟捞出，用温水洗净。
2　锅中倒入底油，放入葱、姜片、蒜、干辣
椒和花椒炒香，加入牛尾，倒温水、蚝油、
生抽和老抽，加盖煮 2.5 小时，加盐调味，
大火收汁，出锅后撒葱花、香菜即可。

酸汤肥牛

 分量 4 人份

 准备 2 分钟

 制作 10 分钟

一锅热腾腾、让人胃口大开的酸汤肥牛酸爽无比，其中来自海南的黄灯笼辣椒酱鲜辣一绝、酸辣开胃。

主料：肥牛片500克、金针菇50克、绿豆芽100克

辅料：姜末10克、蒜末10克、泡野山椒10克、青红小米椒各5克、油15毫升、盐3克、白醋40毫升、黄灯笼辣椒酱30克、清水300毫升

做法：

1 泡野山椒切碎，金针菇清水浸泡后洗净、去根，绿豆芽洗净，青、红小米椒切小段。

2 肥牛片放入锅中烫变色后捞出，绿豆芽焯至透明后过凉水，金针菇焯水十几秒后过凉水。

3 锅中放油加热，倒入姜末和蒜末炒香，倒入泡野山椒和黄灯笼辣椒酱，翻炒后加入清水、盐和白醋煮3~5分钟后关火，将汤滤出。

4 将烫好的肥牛片、金针菇和绿豆芽放入碗中，将滤出的酸汤也倒入碗中，撒上青、红小米椒圈即可。

甘蔗羊肉煲

分量 2 人份　准备 3 分钟　制作 120 分钟

主料：羊排 500 克、甘蔗 1 节
辅料：当归 1 片、姜 3 片、青蒜 3 克、柱侯酱 20 克、盐 5 克、生抽 10 毫升、料酒 10 毫升、白胡椒粉 5 克

做法：

1　羊排洗净、斩块、焯水，撇去浮沫后捞出。
2　甘蔗去皮后冲洗干净，切小段，然后切块。
3　砂锅中放水加热，倒入羊排、甘蔗、当归、料酒、生抽和姜片，大火烧开后转中火炖 1.5～2 小时，加盐、白胡椒粉和柱侯酱调味，再炖 15 分钟后出锅。点缀青蒜即可。

TIPS

甘蔗起到增加清甜和吸除异味的作用，食用时可将甘蔗去掉。

油面筋塞肉

 分量 4 人份

 准备 10 分钟

 制作 25 分钟

上海菜的浓油赤酱法则在海派妈妈的手中传承至今，让人惦念的就是那一口又香又软的油面筋塞肉，连一片菜叶也不舍得放过，那吸足了香味的菜心，一定是最抢手的。

主料： 油面筋 15 个、猪肉馅 300 克、油菜 300 克

辅料： 香葱 2 棵、老姜 10 克、盐 5 克、姜粉 3 克、白砂糖 15 克、黄酒 30 毫升、生抽 30 毫升、老抽 8 毫升、白胡椒 3 克、蚝油 5 毫升、芝麻香油 15 毫升、油 15 毫升、八角 1 枚

做法：

1 油菜择去老叶，洗净、控干；香葱一棵切葱花，另一棵打结；老姜切片。

2 猪肉馅中加入葱花、姜粉、15 毫升黄酒、15 毫升生抽、5 克白砂糖、白胡椒粉、芝麻香油和 3 克盐，搅拌均匀，逐次少量加冷水，并按一个方向不停搅拌，直到肉馅上劲。

3 在油面筋上用筷子戳个洞，用筷子头在油面筋里搅一下，将调好的肉馅从小洞中塞入油面筋。

4 锅中倒油，五成热时放入八角和姜片煸香，再放入油面筋，倒入黄酒、生抽、老抽、热水和白砂糖，放入葱结焖煮 20 分钟。

5 放油菜、盐和蚝油，大火收汤至油菜入味即可。

腊味双蒸

 分量 4 人份

 准备 30 分钟

制作 10 分钟

川式年饭中少不了这道腊味双蒸，麻辣香肠必是自家灌的，腊肉也是年前自家腌的，滋味才能是家的味道。

主料： 麻辣香肠2根、四川腊肉1条、土豆2个

辅料： 香葱1棵、盐3克、白胡椒粉5克

做法：

1 麻辣香肠和四川腊肉分别切薄片，土豆去皮、切大块，香葱切成葱花。
2 在土豆块中撒盐和白胡椒粉拌匀，铺在盘底，码上香肠片和腊肉片，入蒸锅大火蒸30分钟。
3 出锅后撒上葱花即可。

自制麻辣香肠：

2.5千克猪肉切成1.5厘米见方的小块，加70克盐、150克白砂糖、100毫升高度白酒、15克十三香、20克白胡椒粉、20克老姜榨出的姜汁、适量的花椒碎和辣椒碎，拌匀后灌入准备好的肠衣，扎好后在阴凉处风干即可。

TIPS 香肠和腊肉较咸，可以多吃些蔬菜和水果，平衡膳食。

腌笃鲜

 4 人份　 30 分钟　 10 分钟

主料：春笋3根、五花肉300克、咸肉150克、百叶结200克

辅料：姜3片、料酒15毫升、开水100毫升

做法：

1 春笋去壳、切滚刀块，在热水中焯2分钟后捞出。

2 五花肉和咸肉洗净、切片，五花肉片在开水中焯去血沫后，与咸肉片一同倒入砂锅，加开水、姜片和料酒，大火煮开后转小火慢炖1小时。

3 加入春笋块炖15分钟后再加入百叶结，继续炖15分钟至汤色变成奶白色、肉酥笋香时即可出锅。

红烧带鱼

- 分量 4 人份
- 准备 10 分钟
- 制作 34 分钟

主料：带鱼 500 克、香菇 20 克、冬笋 20 克

辅料：蒜 30 克、葱 10 克、姜 5 克、大料 1 个、料酒 3 毫升、香叶 1 片、酱油 15 毫升、白砂糖 20 克、醋 20 毫升、盐 2 克、油 500 毫升、白胡椒粉 1 克、水淀粉 15 毫升、香油 5 毫升、清水 400 毫升

做法：

1 带鱼收拾干净后切段，加入料酒、葱、姜和盐腌制 15 分钟。

2 锅中倒油，烧至八成热时放入带鱼，炸至金黄色捞出、控油。

3 锅中留底油，放入葱、姜、蒜、大料和香叶，爆香后放入酱油、醋、白砂糖、清水和白胡椒粉烧煮一下，再放入带鱼段、香菇和冬笋，大火烧开后转中火，加盖继续烧。

4 待汤汁剩余三分之一时，改大火收汁。最后勾水淀粉，淋香油即可。

TIPS

同样的食材，闽南传统做法是用酱油水烧；北方则偏爱浓厚的红烧。其实带鱼比较薄、易入味，怎么做都好吃。

主料：黑鱼1条、豆芽100克、鲜木耳50克、芹菜50克

辅料：鸡蛋清1个、绿豆淀粉20克、葱10克、姜20克、香菜5克、干辣椒段20克、花椒10克、芝麻3克、辣椒油50毫升、花椒油30毫升、料酒15毫升、盐8克、白胡椒粉3克、色拉油200毫升

沸腾水煮鱼

分量 4人份　准备 20分钟　制作 20分钟

TIPS

1. 辣椒和花椒的用量根据自己口味调整。
2. 油冒轻烟时为六成热。

做法：

1 将葱、姜和料酒放入料理机中搅匀，用纱布滤汁备用；芹菜洗净、切段，鲜木耳去根、撕小朵，豆芽去根、洗净。

2 黑鱼处理干净后切双飞片，即第一刀鱼皮不切断，第二刀再切断。清水漂洗、控干水分，加5克盐、葱姜汁、绿豆淀粉、白胡椒粉和鸡蛋清抓匀，腌制5分钟。

3 锅中倒少许油，放少量花椒和干辣椒段炝锅，倒入豆芽、芹菜段、木耳和3克盐，大火翻炒至断生，放在碗底。

4 烧锅开水，将鱼片逐一放入，水再次沸腾后转小火煮1分钟，捞出后铺在菜上，撒上花椒和干辣椒段。

5 将辣椒油、花椒油和色拉油混合烧至六成热，倒在铺满花椒和辣椒的鱼肉上，撒上芝麻和香菜即可。

干烧
黄花鱼

分量 2 人份

准备 15 分钟

制作 30 分钟

主料：黄花鱼 1 条、五花肉 100 克、香菇 2 朵、冬笋 1/2 个、胡萝卜 30 克、青豆 20 克

辅料：郫县豆瓣酱 40 克、泡椒粒 15 克、葱末 10 克、姜末 10 克、盐 2 克、油 500 毫升、白砂糖 15 克、料酒 15 毫升

做法：

1 黄花鱼处理干净，两面打十字花刀，用厨房用纸吸干水分。

2 五花肉、香菇、冬笋和胡萝卜均切成粒。

3 锅中倒油，油温五六成热时放入鱼，大火炸至两面金黄，控油、捞出。

4 五花肉丁入锅煸出油，倒入郫县豆瓣酱、泡椒粒、葱、姜、香菇粒、冬笋粒、青豆和胡萝卜粒煸炒。

5 烹入料酒，倒一大碗水，加入白砂糖和盐调味。将鱼放入汤汁中，小火烧制，中间要用勺子不停地将汤汁淋在鱼身上。

6 汤汁即将收干时，将鱼装盘，将锅中的汤汁继续收浓后淋在鱼身上即可。

软兜长鱼是淮扬名菜杰出代表之一，成品鲜香细嫩，令人回味无穷。

主料：鳝鱼 500 克

辅料：小葱少许、姜 1 块、黄酒 30 毫升、蒜 2 瓣、料酒 10 毫升、生抽 10 毫升、老抽 5 毫升、盐 4 克、白砂糖 1 克、白胡椒粉 3 克、鸡精 2 克、水淀粉 15 毫升、香醋 1 毫升、香油 5 毫升、油 10 毫升

软兜长鱼

4 人份　　10 分钟　　15 分钟

做法：

1 小葱、姜洗干净后，姜切片、小葱切段；烧锅热水，放入姜片和小葱段（留少许待用），倒入黄酒。

2 水开后迅速倒入鳝鱼，盖紧锅盖，焖 3 分钟后捞出，洗净黏液。

3 用竹片或小刀从鳝鱼侧面切入，沿着椎骨片下鳝鱼肉，取脊背肉切段备用。

4 炒锅内倒入底油，烧至六成热；蒜切片，与剩余的小葱段和姜片一同入锅爆香。

5 放入鳝鱼肉，烹入料酒、生抽和老抽，加盐、白砂糖、白胡椒粉和鸡精调味。

6 翻炒片刻，用水淀粉勾芡，沿锅边淋入香醋，最后再淋上香油即可装盘。

糖醋鲤鱼

 分量 4 人份　 准备 10 分钟　制作 30 分钟

主料：鲤鱼 1 条

辅料：面粉 100 克、葱 1 段、老姜 2 片、蒜 2 瓣、番茄酱 15 毫升、米醋 15 毫升、料酒 15 毫升、生抽 15 毫升、淀粉 45 克、白砂糖 30 克、白胡椒粉 1 克、盐 5 克、油 1500 毫升

做法：

1 鲤鱼处理干净，清除腹内黑膜和鱼侧的白筋（腥线）。斜刀从后向前切花刀，用生抽、料酒、盐和白胡椒粉涂抹鱼肉，腌制片刻。

2 将面粉和淀粉混合均匀，加入适量冷水调成黏稠的面糊；葱、老姜和蒜切碎备用。

3 将鱼放入面糊中，让所有切口都沾满面糊，控掉多余面糊。炒锅中倒油，中火加热至七成热，拎着鱼尾把鱼头放入油中，用汤勺将油淋在鱼身上。

4 鱼肉基本成形后，整条鱼放入锅中炸至金黄，捞出控油。油加热至八成热，放入鱼复炸至酥脆，捞出装盘。

5 米醋、白砂糖和水按等比调成味汁，加入少许淀粉备用。锅中留底油，大火加热至五成热，煸香葱末、姜末和蒜末，调入番茄酱，炒出红油，烹入味汁，烧至黏稠，离火淋在鱼肉上即可。

清蒸黄鱼

 4 人份

准备 15 分钟

制作 25 分钟

淮扬菜讲究"鲜"，鲜来自于食物本身，绝非人工的味剂。有别于其他菜系，淮扬菜最看重的是食材本身的味道，调味只为彰显食材的本味，否则就大失意趣。

主料：黄鱼 1 条（约 800 克）、草头 200 克

辅料：蒜 3 瓣、姜 2 片、番茄 1/2 个、鸡精 2 克、盐 5 克、油 30 毫升

(TIPS

加入番茄可以调和味道，使黄鱼和汤汁更为鲜美清爽。

做法：

1　黄鱼去除鳞片、内脏和鱼鳃，清洗干净，沥干水分。

2　草头去掉根部，择洗干净，控干水分；蒜、番茄切片。

3　锅里倒油，大火烧至六成热，将蒜片煎至金黄，捞出沥油。

4　将处理好的黄鱼和姜片放入锅中，两面都煎至金黄后，加入 500 毫升水、煎好的蒜片和番茄片，中火炖 15 分钟。

5　加盐和鸡精调味，继续炖 5 分钟后盛盘。

6　将草头放到汤中烫熟后放在黄鱼上，将剩余的汤倒入盘中即可。

川香烤鱼

 分量 4 人份　准备 10 分钟　制作 20 分钟

主料：草鱼 1 条、芹菜 1 棵、鲜油豆皮 200 克
辅料：葱 2 段、蒜 5 瓣、姜 3 片、白胡椒粉 5 克、孜然 5 克、盐 6 克、料酒 15 毫升、麻辣香锅酱料 1 份、高汤 1 杯、油 10 毫升、香菜适量

做法：

1　草鱼纵向劈开，内外都擦一遍盐和料酒，撒上白胡椒粉和孜然腌制片刻；芹菜择洗干净、切小段，鲜油豆皮切宽条，香菜切段。

2　腌好的鱼两面刷油，放在烤架上，放入预热至 200℃ 的烤箱中烤 15 分钟，取出放入深烤盘中备用。

3　炒锅中放油，大火烧至五成热，放入葱段、姜片和蒜瓣炒香，倒入麻辣香锅酱料翻炒至散发香气，加入高汤、鲜油豆皮和芹菜段煮沸，淋在鱼上（让豆皮尽量没入汤汁中），入烤箱再烤 10 分钟，撒上香菜即可。

TIPS

有人偏爱烤焦的鱼皮，认为那是烤鱼中的至美之味。其实鱼肉脂肪与蛋白质结合，被高温烧焦时会产生致癌物质，特别是鱼皮接触温度最高，风险也最大。舍弃一口"至美"，方能"美食"与"健康"兼得。

番茄鳕鱼羹

⏱ 分量 3 人份　⏱ 准备 6 分钟　⏱ 制作 10 分钟

主料：番茄 3 个、鳕鱼 150 克、洋葱 80 克
辅料：柠檬 1/2 个、黄油 10 克、盐 5 克、白砂糖 2 克、
白胡椒粉少许

做法：

1 将番茄洗净后切掉顶部，掏空成盅；掏出的瓤备用，
切下来的顶部去皮、切碎备用。
2 洋葱洗净、切碎；鳕鱼去皮、去骨、切成小块；柠檬
挤汁，加少许洋葱碎和白胡椒粉，一起放入鳕鱼块中腌
3 分钟。
3 热锅放入黄油化开，将剩余洋葱碎煸炒出香味，加入
番茄碎翻炒后加白砂糖、盐和一碗水，煮开后放入鳕鱼
块，小火煮 8 分钟左右。
4 将鳕鱼羹盛入番茄盅中，撒白胡椒粉即可。

TIPS

鳕鱼是优质深海鱼，
蛋白质含量高，而
且含有丰富的不饱
和脂肪酸。鳕鱼肉
质细腻、味道甘美，
而且少刺，非常适
合宝宝食用。鳕鱼
几乎没有腥味，调
味简单，一点儿盐、
一点儿胡椒就好。

蒜蓉粉丝
蒸扇贝

 4 人份

 20 分钟

制作 6 分钟

扇贝肉弹牙而鲜甜，粉丝吸足了蒜蓉调味汁的滋味，一点儿不逊于扇贝肉。

主料：扇贝8个、粉丝1小把
辅料：蒜5瓣、香葱1棵、红菜椒1小块、蒸鱼豉油15毫升、绍兴黄酒15毫升、白砂糖5克、油15毫升

做法：

1 取扇贝肉，洗净并去除内脏，贝壳洗刷干净、擦干备用；香葱切葱花，蒜压成蒜蓉，红菜椒切细丝，粉丝用热水浸泡至回软。

2 将粉丝盘放在贝壳中，放上扇贝肉。

3 炒锅中倒油，中火烧至五成热，放入蒜蓉煸香，蒜蓉颜色变成淡黄色后加入绍兴黄酒、蒸鱼豉油和白砂糖翻炒均匀。

4 炒过的蒜蓉连汤淋在扇贝肉上，送入蒸锅蒸5分钟。出锅后撒上葱花和红菜椒丝。

5 加热15毫升油，七成热时淋在扇贝肉上即可。

 TIPS

扇贝最好吃的部分是闭壳肌（干贝），裙边的味道和口感也不错。但橙色（雌）或白色（雄）的生殖腺和黑色的消化腺中可能含有毒素和重金属，不建议食用。

蟹酿橙

🔄 分量 4 人份

🔄 准备 20 分钟

🔄 制作 15 分钟

橙子的酸甜清香融入蟹黄中，中和了浓腻的感觉，反而酸甜适口。

主料：橙子2个、蟹黄50克、蟹肉100克

辅料：杭白菊6朵、老姜20克、法香2克、猪油30克、黄酒45毫升、水淀粉15毫升、高汤100毫升、盐15克、白砂糖3克、白胡椒粉2克、香醋10毫升

做法：

1 橙子洗净，顶端切下一个圆形的盖子，挖出一半橙肉，剔除白筋备用；老姜切末，法香切碎。

2 锅热后放入猪油，中火烧至五成热，下姜末、蟹黄和蟹肉煸炒出香味，烹入15毫升黄酒，加高汤、3克盐、白砂糖、白胡椒粉和5毫升香醋煮片刻，用水淀粉勾芡。

3 将挖出的橙肉和炒好的蟹肉混合装入橙子中，盖好盖，放入一个深盘中，盘中放入30毫升黄酒、5毫升香醋和杭白菊，用保鲜膜包好后放入蒸锅，大火蒸8分钟。

4 上桌时在盘中装入盐，撒上法香碎，再将蒸好的橙碗摆在盐上即可。

水煮
香辣虾

 分量 4 人份

 准备 20 分钟

 制作 10 分钟

香辣与爽口碰撞起来就是经典，这道菜垫底的是绿豆芽，压轴的也是它。

主料：绿豆芽 200 克、鲜虾 300 克、西芹 50 克

辅料：葱 15 克、姜 15 克、蒜 15 克、花椒 10 克、辣椒 20 克、油 300 毫升、盐 5 克、料酒 20 毫升、郫县豆瓣酱 80 克

做法：

1 鲜虾去掉虾线和虾须，洗净、沥干，加盐和料酒腌制 15 分钟，用竹扦将虾从尾部穿起来。

2 辣椒切碎，葱、姜、蒜切末，绿豆芽去根、洗净，西芹洗净、切条。将绿豆芽和西芹放入开水中焯熟。

3 炒锅烧热后放一勺油，将郫县豆瓣酱下锅煸炒出红油，加入花椒、葱、姜、蒜末翻炒，再将所有油倒入后烧开。

4 将绿豆芽铺在碗底，虾放在豆芽上，将红油趁热浇到食材上即可。

第四章

汤粥饮品

汤粥类

 TIPS

理气清鸡汤

🕐 4 人份　　⏱ 15 分钟　　⏲ 120 分钟

主料：老母鸡 500 克
辅料：无花果干 30 克、香梨 2 个、红枣 4 枚、枸杞 5 克

这款汤本身非常清甜，口淡的人可以直接食用；如果一定要调味，也不适合加太多盐，否则就破坏此汤的清淡味道了。喝过汤最好把鸡肉吃掉，因为鸡肉营养丰富，经过炖煮更容易消化吸收。

做法：
1 老母鸡斩成大块，放入沸水中去除血沫。
2 香梨洗净、切成 4 块、去核；无花果干和枸杞冲洗净表面杂质。
3 将所有材料放入炖盅内，加入足量清水，盖上盖子，将炖盅移入蒸锅，大火隔水炖 2 个小时。

参鸡汤

○ 4 人份

○ 180 分钟

○ 90 分钟

以高丽参入菜，是韩国烹饪的特色之一，清爽鲜美、药香浓郁。家宴中，一碗汤，温热人心。

TIPS

如果觉得高丽参容易上火，可用西洋参代替。

童子鸡 1 只、高丽参（或白参）20 克、红枣 10 颗、栗子 6 个、糯米 50 克 黄芪 30 克、当归 30 克、枸杞 30 克、葱 1 根、姜 2 块、蒜 3 瓣、盐 10 克、白胡椒粉 3 克、小葱末 5 克

做法

1. 从鸡脖子处开口，剔除鸡腹内的脂肪后洗净，不要开膛。
2. 糯米洗净，用清水浸泡 3 小时。
3. 高丽参、红枣和蒜分别用清水洗净。
4. 栗子去皮，葱切片，一块姜切片，另一块姜去皮后对半切块。
5. 把高丽参、红枣、栗子、蒜、姜片、葱片、糯米、黄芪、当归和枸杞拌成馅料，塞入鸡肚中，用勺子压实。
6. 用牙签收口，将双腿拧在一起。
7. 锅内加水，放入姜块，烧开后改小火煮 1 小时以上。
8. 熬至汤汁变浓稠时，将浮油撇去，加入盐、白胡椒粉和小葱末即可。

荠菜鸡丝豆腐羹

 2 人份　　准备 10 分钟　　制作 10 分钟

荠菜和鸡肉都有养肝的功效，鸡肉的蛋白质含量很高且容易消化，和豆腐搭配不仅味道鲜美，还有助于增强人体免疫力。

主料： 荠菜 60 克、鸡胸脯肉 60 克、嫩豆腐 40 克
辅料： 油 10 毫升、香油 2 毫升、盐 5 克、料酒 5 毫升、淀粉 10 克、水淀粉 10 毫升

做法：

1　荠菜切碎，嫩豆腐切丝，鸡胸脯肉切丝后加盐、料酒和淀粉拌匀，腌制 5 分钟。
2　锅中倒油烧热后，下鸡丝煸炒至九成熟。
3　锅内加水，煮开后放入鸡丝和荠菜煮开，加盐调味。
4　放入嫩豆腐丝，用水淀粉勾芡并搅匀，淋香油出锅。

瑶柱老鸡炖响螺

份量 2人份　时间 8小时　烹饪 120分钟

古人常用响螺来替代干鲍鱼，其鲜美程度可想而知。响螺和干贝经过数小时的泡发和小火慢炖，鲜味就出来……

主料　干贝15克、响螺片20克、老鸡200克、冬瓜50克

辅料　姜片5克、盐2克、白胡椒粒3克

做法：

1 响螺片泡水8小时后切小块，干贝泡水2小时后去筋，老鸡洗净、剁块、飞水后用温水洗净，冬瓜切厚片。

2 锅中加入清水和老鸡块、响螺片、干贝、姜片和白胡椒粒，小火煲90分钟，加入冬瓜片继续煲30分钟，加盐调味即可。

鱼羊鲜

🔄 6 人份　　🔥 30 分钟　　⏱ 200 分钟

鱼羊为鲜、羊大为美，老祖宗在造字时就将什么是鲜，什么是美味一锤定音了。喝了这碗用鲫鱼和羊肉熬成的浓汤，从此就知道鲜的具体滋味，知道何谓"鲜掉眉毛"了。

主料： 鲫鱼 1 条、羊骨头 200 克、羊肉 500 克、羊头肉 500 克

辅料： 姜片 30 克、白胡椒粒 20 克、当归 5 克、油 50 毫升、猪油 30 克、盐 7 克、水 5000 毫升、香菜 5 克

做法：

1　将整块羊肉和羊骨头一起焯水后洗净。

2　另起一汤锅，放入羊肉和羊骨头，加一半姜片、当归、白胡椒粒和水，煮 2 小时。

3　将鲫鱼处理干净，锅中倒油烧至七成热时（高油温可以防止鱼皮粘锅）放入鲫鱼，煎至两面金黄焦香。

4　将煎好的鱼放入羊汤中煮 1 小时，用纱布滤出汤汁，捞出羊肉切片。

5　起锅放猪油，将姜片和羊肉片炒香，倒入滤出的羊汤中，加盐调味，撒上香菜。羊肉可蘸辣椒干碟食用。

萝卜丝鲫鱼汤

⏱ 5人份　　🍲 10分钟　　🔥 25分钟

主料：白萝卜300克、鲫鱼2条
辅料：葱白30克、姜片30克、香菜5克、油20毫升、盐8克、枸杞5克、牛奶50毫升

做法
1 鲫鱼去鳞、洗净后沥干，白萝卜去皮、洗净后切细丝。
2 煎锅中倒入15毫升油，油温五成热后沿着锅边放入鲫鱼，小火煎至两面金黄后捞出。
3 另起锅，倒油烧至六成热，放入姜片和葱白爆香，放入鲫鱼，倒开水，烧开后盛入汤锅中，盖上锅盖，中火煮15分钟。
4 加入牛奶、白萝卜丝和枸杞，继续中火煮5分钟，加盐调味，撒上香菜即可。

131

咸菜煮猪肚

分量 4 人份　　10 分钟　　30 分钟

猪肚汤加入胡椒，喝上一碗，暖暖的很舒
服，咸菜的加入让猪肚汤更加有滋味。

主料：猪肚 1 只（约 500 克）、猪棒骨 250 克

辅料：潮汕咸菜 150 克、白胡椒粒 25 克、咸梅汁（或白醋）15 毫升、鱼露 30
毫升、白胡椒粉 3 克

做法：

1 猪肚撕净外皮油膜，翻面后用粗盐揉搓，洗净后再用面粉揉搓一遍，反复冲
洗干净。猪棒骨洗净，和猪肚一同放入锅中，加足量冷水煮开后捞出。

2 白胡椒粒放入炒锅中，小火煸炒出香味后，放入石臼捣成粗粒，或用擀面杖
擀压。潮汕咸菜切薄片。

3 高压锅中放入猪肚、猪棒骨、白胡椒粒和 1000 毫升冷水，煮开后加阀压 20
分钟，放至冷却，捞去汤表面凝固的肥油。

4 捞出猪肚、切块，另取一砂锅，放入猪肚块、咸菜片和高压锅中的汤大火煮开，
调入咸梅汁即可。上桌时取一个小碟盛上鱼露，加白胡椒粉用来蘸食猪肚。

白果猪肚汤

 分量 2 人份　 准备 60 分钟　 制作 120 分钟

 TIPS

主料：白果20粒、猪肚1/2个、腐竹2根、棒骨2根
辅料：葱白1根、姜3片、盐8克、白胡椒粒5粒

做法：

1 腐竹浸泡1个小时后切段，白果去壳、除衣，猪肚切片或条。

2 将棒骨剁开、焯水，与猪肚、腐竹、葱白、姜片和白胡椒粒一起冷水下锅，大火烧开后转小火煲90分钟，加入白果再煮30分钟，加盐调味即可。

去壳的白果放入油中炸一下即可轻松除衣。白果有轻微毒性，每次食用不超过10粒为宜。

莲藕排骨海带汤

🍽 4 人份　准备 15 分钟　制作 75 分钟

那时妈妈还年轻，一边忙着家务、一边用小火煲汤的身影成了最美的剪影。喝着这碗莲藕排骨海带汤，让记忆中的妈妈味道变得无比真实。

主料：排骨 300 克、藕 100 克、鲜海带 100 克

辅料：葱段 80 克、姜片 80 克、盐 10 克、料酒 10 毫升、白胡椒粉 10 克

做法：

1 排骨剁成小段后洗净，藕去皮、洗净、切块，鲜海带洗净、切条、打成结。
2 锅中倒入清水，放入排骨段、40 克葱段和 30 克姜片，水沸腾后继续煮 3 分钟，捞出排骨段，清水冲净备用。
3 砂锅中倒入清水，放入排骨段和剩余的姜片、葱段和料酒，中小火炖 40 分钟。
4 放入藕块、海带结继续炖 20 分钟，加盐和白胡椒粉，炖 5 分钟后出锅。

莲子冬茸烩蟹肉

○ 2 人份　○ 5 分钟　○ 15 分钟

主料：河蟹肉 50 克、干莲子 30 克、冬瓜 50 克
辅料：鸡汤 200 毫升、盐 3 克、白砂糖 4 克

做法：

1. 干莲子蒸软待用；冬瓜洗净、切块，放入蒸锅蒸熟后剁成冬瓜泥。
2. 锅中倒入鸡汤烧开，放入冬瓜泥、河蟹肉和莲子，加盐和白砂糖调味即可。

C TIPS

河蟹是淡水蟹，肉质鲜美，含有丰富的蛋白质及微量元素，对身体有很好的滋补作用。

朝鲜族酱汤

2 人份　1 分钟　制作 30 分钟

如果只选择一种有代表性的朝鲜族美食，非酱汤莫属。可以任意加入喜爱的花蛤、小鱼、小虾……无论河鲜还是海鲜，都是锦上添花。再配上一碗白米饭，就是完美的一餐。

主料：虾5只、西葫芦 1/2 个、豆腐 1 块、土豆 1 个、金针菇 50 克、海带 100 克、黄豆芽 50 克、青尖椒 1 个、红尖椒 1 个

辅料：蒜 2 瓣、朝鲜族大酱 80 克、朝鲜族辣酱 25 克、辣椒粉 10 克、大米 100 克

做法：

1 虾洗净、开背、去虾线，西葫芦切片，豆腐切块，土豆去皮、切片，金针菇撕开，海带切条，黄豆芽择去尾端，青、红尖椒切圈，蒜去皮、剁碎。

2 大米淘洗干净后加适量水，用力搓洗米粒至水变成乳白色，倒出淘米水备用，也可以直接用清水代替淘米水。

3 石锅中加入淘米水，放入朝鲜族大酱和辣酱，用勺子拌匀，直到两种酱在水中化开。

4 加热石锅至水滚开后放入海带条、土豆片、豆腐块和金针菇煮 10 分钟，加入辣椒粉、虾、西葫芦片和黄豆芽继续煮 10 分钟，最后加蒜泥和尖椒圈煮半分钟即可。

豆腐丸子汤

🔄 分量 4 人份　🔄 准备 10 分钟　🔄 制作 15 分钟

主料：嫩豆腐 1 盒、鸡蛋 1 枚、鸡腿 1 个、荸荠 1 个、蟹味菇 20 克、油菜 2 棵
辅料：葱末 3 克、姜末 3 克、盐 10 克、白胡椒粉 2 克、高汤 350 毫升、淀粉 3 克

做法：

1 嫩豆腐碾碎；鸡腿去骨、去皮后剁碎，与嫩豆腐混合，加葱末、姜末、鸡蛋液、淀粉、白胡椒粉和 5 克盐，搅打上劲。

2 将高汤倒入锅中，烧开后转小火，用手将豆腐鸡腿肉挤出一个个丸子，下入锅中。

3 丸子全部下锅后改中火，丸子煮至部分浮起时，放入洗净的油菜和蟹味菇煮熟，加盐调味。

栗子煲龙骨

 4 人份　准备 15 分钟　制作 90 分钟

栗子用来煲汤极好。几枚板栗、两三块龙骨、再来几块玉米，待厨间飘出诱人的香味，一煲清甜补气的汤就好了，滋养脾胃、补肾益气，适合全家人食用。

主料：生板栗 100 克、甜玉米 1 根、龙骨 300 克、猪瘦肉 100 克
辅料：蜜枣 1 粒、陈皮 1/3 片、姜 1 片

做法：

1. 生板栗剥去外壳和薄衣，甜玉米去掉外皮和须子后切成大块，龙骨斩成大块。
2. 大火烧一锅开水，放入猪瘦肉和龙骨块，去除血沫。
3. 将所有材料放入砂煲中，倒入足量清水，大火煲煮 40 分钟，转中小火继续煲煮 40 分钟即可。

TIPS
1. 栗子放在冷水里加热至栗子的颜色变深，再剥皮就比较容易了。
2. 煲汤时没有放盐，可以根据个人口味，喝的时候再加适量盐。

主料： 牛腩150克、去皮番茄1个、圆白菜100克、土豆1个、洋葱2个、芹菜2棵、胡萝卜2个

辅料： 白胡椒粒5克、酸奶油5克、香叶2片、番茄酱20克、盐5克、白胡椒粉5克、白砂糖40克、黄油50克

沪上罗宋汤

4人份

120分钟

制作 50分钟

(TIPS)

1. 番茄酱一定要炒透，否则生番茄味很大，口感很酸。
2. 可以在汤中加入适量酸奶油，也可以将汤汁盛入碗中后，点缀酸奶油。

做法：

1 将一个洋葱切片，一根胡萝卜切片，一根芹菜切段；牛腩切大块，冷水下锅，水开后除去血沫，加入香叶、洋葱片、胡萝卜片和芹菜段，中火炖大约2小时，直到牛腩完全熟透。将牛腩放凉、切小丁。圆白菜、去皮番茄、土豆、剩余的胡萝卜、洋葱和芹菜切成和牛腩大小相同的小丁。

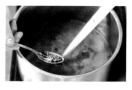

2 锅中放入黄油，中火烧至黄油即将化开时，倒入洋葱丁爆香，然后加入番茄丁和土豆丁炒出香味，放牛肉丁一起煸炒。

3 放入番茄酱和足量煮牛肉的汤，将除圆白菜丁外的所有的主料都倒入锅中，再加入香叶和白胡椒粒，改小火，保持汤汁始终沸腾，大约炖煮半小时。

4 加入圆白菜丁、盐、白胡椒粉、酸奶油和白砂糖，继续炖煮10分钟即可。

番茄杂菜疙瘩汤

 4 人份　　 15 分钟　　 制作 15 分钟

主料： 白洋葱 1 个、胡萝卜 1 根、芹菜 1 棵、茴香球 1 棵、刀豆 1 小把、面粉 250 克

辅料： 蒜 2 瓣、罐头番茄 2 罐、鸡高汤 1000 毫升、橄榄油 30 毫升、黑胡椒粉 1 克、盐 3 克

做法：

1 所有蔬菜洗净、去皮并切碎。取一个厚底汤锅，倒入橄榄油，中火烧至锅热，放入所有蔬菜碎翻炒至变软，加入罐头番茄、鸡高汤和 2 杯水，烧开后改小火，加盖煮 35 分钟。

2 面粉放入盆中，将水龙头的水流调成极细（马上就要成水滴状，但仍要保持水流动），用面盆接水，并用筷子快速搅拌，使面粉形成细小的面疙瘩。

3 做好的面疙瘩放入汤中，调入盐和黑胡椒粉，再煮 5 分钟至面疙瘩全熟即可。

 TIPS　　1. 罐头番茄味浓，汤汁也比新鲜番茄多，做出来的汤味道更好。

2. 面疙瘩可以直接用米粒状意面代替。

上汤苋菜

2人份　5分钟　8分钟

"六月苋，当鸡蛋；七月苋，金不换"，夏季是苋菜成熟的季节，也是食用苋菜最能发挥功效的季节。苋菜的营养价值很高，富含花青素、维生素C、钙、磷、铁等营养物质，有益人体健康，民间一向视苋菜为补血佳蔬，还有"长寿菜"的美称。

主料：苋菜300克、皮蛋1个

辅料：姜10克、蒜5瓣、盐5克、高汤200毫升、油15毫升

做法：

1 苋菜去掉老梗，姜去皮、切丝，蒜切片，皮蛋切小丁。

2 苋菜在沸水中焯30秒后捞出、沥干。

3 炒锅中倒油烧热，放蒜片和姜丝炒出香味，加入高汤煮开，放入皮蛋丁，加盐调味。

4 放入苋菜煮3~5分钟即可。

TIPS

对美食天然敏感的张爱玲在文章中曾经写过："苋菜上市的季节，我总是捧着一碗乌油油、紫红夹墨绿丝的苋菜。"对于吃苋菜，她说"炒苋菜没蒜，不值得一炒"。的确，苋菜和蒜是天然绝配，既能杀菌又能提香。苋菜菜身软滑、味道浓郁，很适合燥热的夏季食用，无论清炒还是上汤的做法，都是十分合宜的美味快手菜。

上汤芦笋竹笙

4 人份　　　90 分钟　　　10 分钟

主料：芦笋 300 克、干竹笙 100 克
辅料：鸡汤 300 毫升、油 5 毫升、盐 5 克、淀粉 5 克

TIPS

如果没有鸡汤，可
以用成品的火腿汁
或鸡汁代替。

1. 将干竹笙在凉水中浸泡 1 小时，泡发后切去头尾，
分成两段；芦笋切掉根部，备用。
2. 汤锅里加入鸡汤和 2 克盐，放入处理好的竹笙，汤汁煮沸后关火，竹笙放在
锅中浸泡 30~60 分钟入味。
3. 另起锅，加入水、油和 3 克盐煮开，放入芦笋，大火煮 2 分钟后捞出。
4. 捞出竹笙，将芦笋穿入竹笙中，摆入盘中。
5. 开火将鸡汤再次煮沸，淀粉和半碗凉水搅成水淀粉，倒入鸡汤中搅匀，汤收
浓后关火，将其淋在菜上即可。

银鱼煮娃娃菜

2 人份   3 分钟   8 分钟

银鱼 150 克、娃娃菜 3 棵
油 50 毫升、盐 3 克、姜粒 5 克

用厨房用纸将银鱼水分吸干，娃娃菜洗净、切块。
锅中倒油，放入银鱼煎至金黄后捞出；留底油，
放入姜粒炒香；加入娃娃菜，大火翻炒；倒入一碗
水，放入煎好的银鱼和盐，煮 3 分钟即可。

TIPS

银鱼本身是高蛋白、低脂肪的
优质食材，被称为"水中人
参"。除了鲜银鱼，干银鱼购
买后建议也放冷冻室储存。

生滚
鱼片粥

🌀 分量 4 人份

🌀 准备 20 分钟

🌀 制作 35 分钟

海鲜粥是广州夜排档的主力，流行的潮汕做法是，粥底不用煲太久，米还没有完全煮碎就下料，别有一番滋味。

主料：黑鱼 1/2 条、籼米 1 杯、生菜 1/4 棵

辅料：老姜 2 片、香葱 3 克、料酒 15 毫升、盐 2 克、白胡椒粉 1 克、薄脆碎 5 克

做法：

1 黑鱼洗净，从鱼尾横着入刀，贴着脊骨向鱼头方向片下一半的鱼身，然后再片去鱼骨，将带皮鱼肉片成鱼片备用；生菜切丝，香葱切成葱花，老姜切丝。

2 鱼片加入料酒、姜丝、盐和白胡椒粉腌制片刻。

3 籼米放入砂锅中，加 3 杯水，大火煮滚并保持大火煮 10 分钟，改小火再煮 20 分钟。

4 下入鱼片，鱼片完全变色后熄火，撒入生菜丝和薄脆碎即可。

🌀 TIPS 黑鱼肉质紧致、少刺，蛋白质含量高于牛肉，中医认为有祛风利水、催乳疗伤之效，是产后、术后恢复常用的食材。

白果鸡肉粥

2 人份　　120 分钟　　40 分钟

主料：大米 30 克、白果 10 粒、鸡腿 1 个

辅料：葱花 2 克、姜片 3 片、盐 5 克、料酒 5 毫升、鸡汁 5 毫升、白胡椒粉 2 克

做法：

1 大米淘洗干净，用水浸泡 2 个小时。

2 鸡腿剔骨、去皮、切小块，用葱花、姜片、料酒、白胡椒粉和鸡汁腌制半小时；白果去壳、除衣。

3 泡好的大米冷水下锅，大火煮开后转小火煮半个小时，放入鸡丁和白果，根据个人口味加盐调味，再煮 10 分钟即可。

生滚粥

⟳ 4 人份

⟳ 30 分钟

⟳ 20 分钟

主料：大米 250 克
辅料：食 用 油 10 毫 升、
水 7500 毫升

粥底做法：

1 熬粥最好选一年只产一季的大米，而且最好是新米，更有米香味。

2 轻轻拨动米粒，挑出杂质。千万不要使劲搓洗米粒，否则米中营养成分容易流失。

3 米中加入食用油腌制30 分钟。用油腌制过的米粒下锅后能迅速开花，煮出来的粥也更香滑。

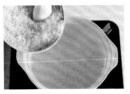

4 水开后下米，中间不能停火，也不能加水，水一定要一次加够（米与水的比例约为 1∶30）。

5 粥开锅后，改成文火和武火之间的火候，保持粥沸而汤不溢，锅里可以放一个搪瓷勺，能防止溢锅。

6 火太大了上面那层米油就会焦化而发黄，火太小又不能使粥黏稠。熬到米粒开花、水米交融，粥底即成。

1 此法适用于易熟的食材，例如鱼片粥、窝蛋粥等。

2 以鱼片粥为例，将草鱼或鲈鱼片成薄片，加姜丝、料酒拌匀，腌制 15分钟。

3 碗底码放上腌制好的鱼片、熟肚丝等自己喜欢的材料。

4 底粥煮滚后舀入碗中，烫熟鱼片，撒上油条碎、炸花生米，调味即可。

1 此法适用于肉质厚实、需要久煮的食材。以排骨粥为例，肋排焯水，加料酒和生抽腌制 1小时，生菜洗净、切丝。

2 将腌制好的肋排放在炖盅里，放上姜片，隔水炖煮 1小时，直至排骨酥软。

3 底粥煮开后，倒入炖好的肋排中同煮 5分钟，关火后加盐调味，撒上生菜丝。

1 此法适用于需要稍煮才能熟的食材。如膏蟹粥、生滚鸡粥、牛肉粥等。

2 以膏蟹粥为例，先揭开蟹壳，去掉三角形的蟹胃。

3 剪去蟹肺，清洗掉附着的泥沙，将蟹斩成 2块。

4 待底粥煮滚后，放入蟹块和姜片同煮 5分钟左右，加入盐、胡椒调味即可。

TIPS

1. 咸粥用泰国香米，甜粥则用东北大米配以江米，大米和江米的比例为三比一。

2. 熬粥的锅以砂锅为首选，砂锅受热均匀，熬出的粥绵软美味。忌用铁锅，受热不均且容易煳底。

3. 如果想让底粥的味道更丰富，可以加入猪骨和瑶柱一同熬粥，熬好后把猪骨挑出即可（猪骨需先用沸水焯一遍，用清水洗去浮沫，再放入锅内熬粥）。

🍵 饮品类

红糖姜茶煮双薯

🕐 分量 4 人份　🕐 准备 10 分钟　🕐 制作 15 分钟

寒冷的冬日谁都不会拒绝甜蜜和温暖，一碗红糖姜茶煮双薯，甜蜜和温暖
都有了。

主料：红薯 200 克、紫薯 200 克
辅料：干桂花 5 克、红糖 100 克、老姜 20 克、柠檬 2 片

做法：

1. 老姜去皮、切片；红薯和紫薯分别去皮，切成 1 厘米见方的小丁。
2. 姜片和柠檬片一同放入小锅中，加入红糖和 1 升冷水，大火烧开后
放入红薯丁和紫薯丁，煮 10 分钟。
3. 关火后盛入碗中，趁热撒入干桂花即可。

TIPS　紫薯呈现紫色是由于花青素的作用，花青素在酸碱不同的环境中呈现的颜
色也不同，这使得紫薯在水中熬煮时往往会变色，汤汁变成蓝灰色。加入
柠檬片可以起到一定的固色作用，也可以把双薯丁蒸熟，直接加入到煮好
的红糖姜茶中。

木瓜
雪耳糖水

4 人份

40 分钟

40 分钟

广州人煲汤令人赞不绝口，除了老火靓汤，糖水也是让童年回忆更添美好的重要角色，这是妈妈的味道。

主料　木瓜 1/2 只、银耳 1 朵、枸杞 10 颗
辅料　冰糖适量

做法：

1 银耳用冷水浸泡至完全泡发，去掉黄色的蒂部，撕成小朵；木瓜去皮、去子，切成小块；枸杞用冷水浸泡至回软。

2 银耳放入砂锅，加入足量冷水，大火煮开后改小火焖煮半小时，加入冰糖继续煮至汤汁黏稠。

3 加入木瓜块和枸杞一起熬煮 10 分钟即可。

TIPS 如果喜欢木瓜清新的口感，可以缩短煮木瓜的时间。

醪糟水果捞

分量 6 人份　准备 15 分钟　制作 10 分钟

主料：糯米小圆子 200 克、菠萝 100 克、草莓 10 颗、火龙果 100 克、苹果 100 克、醪糟 200 克
辅料：冰糖 45 克、水淀粉 30 毫升

做法：

1　所有水果切成 1 厘米见方的小丁。如果喜欢口感充实，就切得大些。

2　锅里加水，烧开后放入糯米小圆子，煮至浮起后放入冰糖。

3　加入苹果丁和菠萝丁煮片刻后加入草莓丁和火龙果丁，调入水淀粉勾芡，使汤汁变黏稠。

4　熄火后再放入醪糟，调匀即可。醪糟煮得时间过长会发酸。

马蹄雪梨银耳羹

🔄 2 人份

🔄 2 小时

🔄 100 分钟

主料　银耳 80 克、雪梨 200 克、马蹄 100 克

辅料　枸杞 5 克、冰糖 30 克

做法：

1 银耳掰碎、洗净，浸泡 2 小时；雪梨去皮、切块；马蹄削皮、对半切开。

2 银耳和马蹄块放入锅中，加水后大火煮开，转小火煮 1 小时。

3 放入雪梨块煮 20 分钟。

4 放入枸杞和冰糖，煮 5 分钟即成。

 TIPS

冬季食用马蹄雪梨银耳羹，既能清热降燥，又有养颜、补水的作用。马蹄被誉为"江南人参"，具有清热解毒、助消化等功效；银耳被誉为"菌中之冠"，补脾开胃、益气清肠、滋阴润肺，能增强人体免疫力，是良好的润肤食品；雪梨润肺清燥、止咳化痰、降火解毒、养血生肌；枸杞含有多种氨基酸，具有养肝、滋肾、润肺的功效。

玉米牛奶饮

🍽 3 人份　　🕐 15 分钟　　⏲ 20 分钟

主料：甜玉米2根、牛奶500毫升
辅料：淡奶油50毫升

做法：

1 甜玉米去掉叶子，用刀将玉米粒整齐地切下来。

2 将玉米粒清洗一下，控干水分后与牛奶、淡奶油一同倒入锅中煮沸，小火炖煮约5分钟。

3 将玉米粒和牛奶一起放到搅拌器中搅拌均匀，滤出汁液，再将剩余残渣与少量的玉米牛奶再次搅拌，重复3次后，过滤，即可饮用。

酸梅汤

🍽 2 人份

🕐 60 分钟

⏲ 40 分钟

主料：乌梅干50克、山楂干30克、甘草5克、洛神花5克、陈皮5克、水1300毫升
辅料：冰糖80克、干桂花5克

做法：

1 乌梅干、山楂干、陈皮、甘草和洛神花冲洗后，放入1000毫升水中浸泡1小时。

2 将浸泡好的食材连同水一起倒入砂锅中，再加入300毫升水，大火煮开后转小火，慢煮半小时左右。

3 加入冰糖和干桂花，煮10分钟后关火。冷却后滤除渣滓，即可饮用。

Ⓣ TIPS　制作酸梅汤的配料大同小异，除了乌梅、甘草、山楂，里面也会加入洛神花、薄荷、桑葚等，可根据个人喜好搭配。熬好后再加入适量冰糖或红糖，冰镇后饮用更佳。

第五章
主食小吃

饭类

菠萝鸡饭

 2 人份　　15 分钟　　20 分钟

*菠萝的香甜滋味，丰富
而轻盈的口感，让一抹
热带风情飞扬在餐桌
上，妙不可言。*

主料：菠萝1个、米饭300克、鸡胸肉200克、胡萝卜50克、玉米粒50克、
豌豆粒50克

辅料：香葱50克、淀粉5克、白胡椒粉10克、盐10克、橄榄油15毫升、料
酒5毫升、蚝油5毫升

做法：

1 将菠萝从中间一分为二，用刀将果肉划开，挖出果肉后放入盐水中浸泡10分钟。

2 鸡胸肉切丁，加淀粉、料酒和白胡椒粉抓拌，腌制10分钟；胡萝卜切丁，香
葱切细末，菠萝丁沥去盐水。

3 锅中放入橄榄油，油温五成热时加入胡萝卜丁、玉米粒和豌豆粒翻炒。

4 炒香后加入鸡丁翻炒，鸡丁熟后加入蚝油和盐。

5 加入米饭翻炒，放入菠萝丁和香葱末翻炒均匀即可。

电饭煲焖牛肉时蔬饭

 2人份　 10分钟　制作 40分钟

电饭煲食谱是专门为忙碌的妈妈们准备，菜式丰富又有营养，操作极其简单。无论妈妈是不是料理高手，都可以借其成为孩子心中做饭最好吃的人。

主料： 酱牛肉100克、胡萝卜50克、香菇50克、青豆50克、大米200克

辅料： 生姜4片、橄榄油10毫升、盐5克、生抽5毫升、黄酒5毫升、八角1个、清水250毫升

做法：

1 酱牛肉切丁，胡萝卜去皮、洗净、切丁，香菇洗净、切丁，青豆和大米洗净。

2 将橄榄油、盐、生抽、黄酒、八角、姜片和步骤1中的食材一起放入电饭煲中，搅拌均匀后加清水，按下煮饭键煮熟即可。

酱油猪油拌饭

○ 4人份　○ 准备 2分钟　○ 制作 5分钟

主料：米饭500克
辅料：葱花5克、黑猪板油50克、酱油20毫升

做法：

1 黑猪板油切成1厘米见方的小丁。
2 锅烧热后放入黑猪板油丁，炸至焦黄，盛出备用。
3 米饭盛入碗中，浇上黑猪板油丁，淋上酱油，撒上葱花，拌匀即可。

秃黄油捞饭

 4 人份　　30 分钟　　40 分钟

菊香、蟹香、饭香、醋香，口味香甜，回味无穷。
赶快来尝试一下这奢侈又美味的吃法吧！

主料： 雌大闸蟹4只、杭白菊20克、大米160克
辅料： 猪油30克、白胡椒粉3克、盐5克、果醋
1小碟、姜丝陈醋1小碟，水30毫升

做法：
1 大闸蟹洗净、蒸熟后，取蟹黄备用；杭白菊用热水
泡开，取杭白菊水放凉，泡开的杭白菊也留下备用。
2 大米淘洗干净，加入杭白菊水和少许杭白菊花瓣煮
成米饭。
3 炒锅烧热，放入猪油，小火加热至五成热时放入蟹
黄、白胡椒粉和盐，轻轻推匀，加水慢慢熬至水分收
干后装入小碗，即为秃黄油。
4 米饭趁热装入小碗，准备好果醋和姜丝陈醋，与秃
黄油一起上桌，食用时可随个人口味拌入米饭中。

八宝饭

分量 4 人份　准备 20 分钟　50 分钟

主料：糯米 250 克、什锦果脯 150 克、大枣 1 个、金丝小枣 3 个
辅料：冰糖碎适量

做法：

1 将糯米提前一两天用冷水泡发，中间要注意换水。

2 什锦果脯切成小丁，备用；大枣清洗干净，掰开去核；金丝小枣去核。

3 将大枣放在碗底，之后放入泡发好的糯米，装到碗三分之一的位置，用勺轻轻拍匀。

4 在糯米上铺满什锦果脯丁，果脯丁非常黏，不容易操作，可以提前用凉水浸一下。

5 在什锦果脯丁上再铺一层糯米。

6 铺上金丝小枣，因为蒸的时候糯米会涨发，所以食材最好距离碗边 1 厘米。

7 最后撒上冰糖碎，加入水，稍微没过食材。冷水放入蒸锅，上汽后再蒸 45 分钟即可。

面食类

川味肥牛拌面

1 人份　　准备 3 分钟　　6 分钟

鲜、辣、麻的风味小酱，成就了一碗正宗又美味的川味肥牛拌面。

主料：肥牛片 50 克、手擀面 100 克
辅料：四川风味麻辣酱 15 克、香菜 5 克、生抽 10 毫升、醋 10 毫升、白砂糖 5 克

做法：
1　将四川风味麻辣酱、醋、生抽和白砂糖混合，拌匀备用。
2　手擀面煮熟后装盘，肥牛片烫熟放在面上，淋上调味汁，撒上香菜即可。

炸酱面

○ 2人份　　○ 2分钟　　○ 25分钟

主料　肉馅100克、面条200克
辅料　干黄酱1袋、大料2个、植物油60毫升、黄瓜1根、香葱1棵

做法：

1 炒锅中放入植物油烧热，加大料炸出香味后，放入肉馅翻炒，直至肉馅完全炒散、变色。

2 干黄酱加水调匀，倒入锅中翻炒，直至颜色变深、棕红油亮即可。

3 将面条煮好，盛出过凉水；黄瓜切丝，香葱切成葱花；将面盛入碗中，放上炸好的黄酱，配上黄瓜丝和香葱花即可。

鸡丝油泼面

1人份　　2分钟　　20分钟

主料：宽挂面80克、鸡胸肉50克
辅料：美人椒10克、蒜泥2克、油20毫升、盐6克、蒸鱼豉油3毫升、芝麻油2毫升、花椒粉1克、辣椒粉3克、榛子碎10克、韭菜苔10克

做法

1. 将鸡胸肉放入冷水中煮15分钟左右，捞出放凉，用手顺着鸡肉的纹理撕成肉丝；韭菜苔洗净、切段、焯熟；美人椒洗净、切圈。
2. 烧一锅开水，将宽挂面煮6~8分钟，待面条没有硬心后捞出过凉水，用芝麻油将面条拌匀，盛盘待用。
3. 将鸡肉丝放在面条上，倒入蒸鱼豉油，撒上盐。
4. 将蒜泥、美人椒圈、辣椒粉、花椒粉和韭菜苔放在面条和鸡胸肉丝上，烧热油浇在上面，撒上榛子碎，拌匀即可。

家常阳春面

 2 人份　 2 分钟　10 分钟

主料：细挂面 150 克、油菜 2 棵
辅料：香葱 10 克、猪油 20 克、盐 6 克、蒸鱼豉油 8 毫升、芝麻油 2 毫升

做法：

1　锅内烧开水，放入细挂面煮 6~8 分钟。
2　将蒸鱼豉油、盐放入碗中，舀一勺煮面汤冲开，即成汤底。
3　香葱洗净、切碎，猪油放入炒锅中加热化开，放入香葱碎，小火炸香后捞出，油倒入碗中，点入芝麻油做成葱油备用。
4　将煮好的面条捞出，放入汤底内拌匀，淋入葱油，撒上香葱碎、油菜烫熟、摆在面条上即可。

TIPS

煮面的水一定要多，煮的时间根据各人喜欢的面条软硬程度，选择延长或缩短。

制作葱油拌面时，尽量挑选口味比较清淡的油脂来烹调，比如葵花子油、玉米油等，这样炸出来的葱油才会更加突出葱本身的香气。

开洋葱油拌面

面条 1 人份　准备 20 分钟　制作 30 分钟

主料：海米 30 克、香葱 400 克、面条 100 克

辅料：猪油 100 克、植物油 400 毫升、蒸鱼豉油 200 毫升、酱油 50 毫升、香油适量、盐 3 克、鸡精 3 克、葱适量、姜适量、清水 100 毫升、料酒 15 毫升

TIPS

做好的葱油可以盛出来，根据个人喜好的量加到面条中。

做法：

1 香葱葱白切段；海米洗净，用温水泡 20 分钟后倒入料酒，加入葱、姜，大火蒸 15 分钟，取出控水。

2 锅中放入猪油和植物油，大火烧至四成热。

3 放入葱白段，小火炸至焦黄，将葱白段捞出。

4 将蒸好的海米倒入葱油中，中火反复煸炒至金黄酥脆。

5 加入蒸鱼豉油、酱油、盐和鸡精翻炒、爆香，加入清水，烧开后即可关火。

6 面条煮好后过冷水，加入味汁、盐、炸好的葱白段和香油即可。

港式公仔面

🍜 1 人份

⏱ 5 分钟

🔥 30 分钟

虽然只是炒方便面，但是在香港餐厅中，公仔面绝对是不可取代的美味。

主料：方便面 1 包、腌猪里脊 1 块、圆白菜 20 克、小葱 1 根、绿豆芽 5 克、韭黄 5 克、胡萝卜 5 克

辅料：蚝油 5 毫升、生抽 5 毫升、老抽 3 毫升、植物油 40 毫升、淀粉 30 克

TIPS

公仔面的调味主要是蚝油、生抽和老抽，如果喜欢方便面那股独特的味道，加入料包是省事又快速的做法。港式公仔面是从炒河粉演变过来的，也可以按照自己的想法加入任何喜欢的食材，有想象力的美食才好吃。

做法：

1 圆白菜、胡萝卜、绿豆芽、韭黄和小葱洗净，圆白菜切条，胡萝卜去皮、切丝，韭黄和小葱切段。

2 锅中烧水，水开后放入方便面，大火煮到八成熟，捞出过冷水，控干备用。

3 腌猪里脊裹淀粉，热锅中放入植物油，六成热时放入腌猪里脊，两面煎成金黄色，捞出，切条。

4 锅中再次放油，大火加热到油温六成热时，放入圆白菜条翻炒几下。

5 放入胡萝卜丝、绿豆芽、韭黄段和小葱段，大火翻炒至所有蔬菜变软。

6 放入煮好的面条和所有调味料翻炒。出锅前将炸猪里脊条放入，翻炒几下即可。

小黄鱼汤面

 分量 1人份　　准备 12分钟　　制作 10分钟

主料　细挂面80克、小黄鱼100克、内酯豆腐30克、海米20克、面粉50克
辅料　姜片5克、葱白5克、油20毫升、盐6克、料酒20毫升、白胡椒粉1克

做法：

1　将小黄鱼洗净，均匀地抹上盐，放入姜片、葱白和料酒腌制10分钟；内酯豆腐切片。

2　炒锅烧热放油，将腌制好的小黄鱼均匀地裹上一层薄薄的面粉，放入油锅内煎至两面金黄。

3　鱼煎好后在锅内加入热水，大火烧开后放入内酯豆腐片、海米和盐。

4　另取一锅加水烧开，放入细挂面煮6~8分钟。

5　捞出煮熟的挂面，将鱼汤及其他食材浇入面条中，撒上白胡椒粉即可。

韭菜合子

主料：韭菜 300 克、鸡蛋 3 枚、虾皮 30 克、木耳 10 克、面粉 200 克

辅料：油 30 毫升、盐 5 克

做法：

1 一边搅拌面粉，一边缓缓加入温水，直到面粉呈雪花片状，盆底留少许干粉的状态，然后揉成面团，盖上湿布醒 30 分钟。

2 将 2 枚鸡蛋打散。起油锅，多加些油，大火加热至油微微冒烟，倒入蛋液快速搅碎，待全部凝固后盛出备用。

3 韭菜洗净、切成碎末；虾皮洗净、沥干备用；木耳泡发后切碎。将韭菜碎、虾皮、木耳碎和炒鸡蛋放入大碗中，磕入 1 枚生鸡蛋，混合均匀。准备好面皮后再往馅料里调入盐拌匀。

4 面团先搓成粗条，然后切成每个约 30 克的小剂儿，按扁后擀成圆形面皮。在面皮中间放入适量馅料，把面皮对折，压紧，然后依次压出花边。

5 平底锅中刷一层薄薄的油，中火加热，待锅热后排入韭菜合子，用小火煎至底面金黄，翻面、盖盖，继续煎 3 分钟即可。

面皮食材：面粉 250
克、酵母 5 克

皮冻食材：肉皮 200
克、绍兴黄酒 15 毫升、
老抽 15 毫升、香葱 1
棵、老姜 2 片

馅料食材：猪肉馅 500
克、香葱 5 棵、熟白
芝麻 20 克、熟黑芝麻
20 克、姜末 10 克、生
抽 30 毫 升、 老 抽 15
毫升、绍兴黄酒 15 毫
升、白胡椒粉 5 克、盐
3 克、白砂糖 30 克、芝
麻香油 15 毫升

生煎包

 分量 4 人份　 准备 15 分钟　制作 160 分钟

地道标准的上海生煎皮薄、底酥脆、馅鲜、汤汁足，
刚出锅时一个个鼓胀饱满、肉香扑鼻、诱人食欲。

做法：

和面

1 酵母放入碗中，
加少许温水，搅拌
至酵母化开，放置
10 分钟。

2 面粉放入盆中，
将酵母水倒入面
粉，搅拌均匀。

5 用保鲜膜或湿毛
巾盖好面盆，放在
温暖的地方发酵 2
小时。冬天可以放
在暖气旁，夏天放
在室温下即可。如
果房间温度较低，
可以适当延长发酵
时间。

6 待面团发至 2 倍
大，用手指戳面团
也不会马上塌陷即
可。用手拉扯面
团，可以看到内
部有完美的蜂窝状
孔洞。

3 一边搅拌面粉，
一边缓缓加入温
水，直至面粉呈雪
花片状，盆底留少
许干粉的状态。

4 将中的面粉揉成
一个面团。

皮冻

7 肉皮切细丝。

8 锅中放入肉皮丝，加入2碗水，大火加热，撇去浮沫。

9 加入打结的香葱和拍破的老姜。

10 加入绍兴黄酒。

11 加入老抽，使汤汁颜色呈棕色为宜。

12 小火熬煮1小时，滤出汤汁，放凉后放入冰箱，凝结成皮冻。

馅料

13 香葱切成葱花。

14 在肉馅中放入一半葱花、绍兴黄酒和生抽。

15 为使肉馅的色泽更加诱人，再加入老抽。

16 加入白胡椒粉、白砂糖、盐和芝麻香油调匀。

17 用筷子按一个方向搅拌肉馅，少量、多次加入50毫升冷水，直到肉馅上劲。

18 从冰箱中取出皮冻，切成约0.3厘米见方的碎末。

19 在肉馅中加入皮冻碎末，搅拌均匀。

20 加入熟白芝麻，调匀后将肉馅放入冰箱冷藏30分钟。

21 发好的面团分成小团,先搓成条,然后切成2厘米长的小剂儿。

22 案板上撒一层薄面,将面剂儿切口向下,按成小圆饼。

23 擀成直径7厘米的面皮。

24 在面皮中间放入适量肉馅。

25 一手托皮,一手把边缘的面皮推在一起形成褶皱,旋转着捏紧。

煎制

26 平底锅中倒入油,使整个锅底布满油膜即可。

27 将包好的包子封口向下放在锅中,每个包子之间要留有缝隙,以免粘连。可以适当多用些油,也可以把每个包子在油中蘸一下,使包子底部和侧面都蘸上油。平底锅烧热,盖好锅盖,中小火加热,约5分钟后在锅中加入半杯水,加盖焖10分钟。

28 待锅中的水烧干后撒上熟黑芝麻。

29 出锅前撒上葱花提香。

 TIPS

1. 江浙一带称包子为肉馒头,所以生煎包子在上海土著口中,叫作生煎馒头或者干脆简称生煎。制作生煎馒头所用面粉是中筋面粉,家里制作就用最普通的面粉即可。

2. 肉馅手剁的最香,肥瘦也可以控制,喜欢肥一点儿的,可以选用去皮五花肉;喜欢瘦一点儿的,就用前臀尖。也可以用市场出售的猪肉馅代替,肥瘦比例是4:6比较合适。

3. 馅料中最好加入香葱而不是其他的葱,以免失去上海生煎馅中特有的香甜葱味。

4. 馅料中加入炒熟的白芝麻可以增香,出锅前撒一把黑芝麻可以卖相更诱人。

5. 皮不要擀得太薄,漏汤就扫兴了。

6. 地道的生煎吃起来很讲究技巧,先咬一个小口儿,让热气散发,然后再吸肉汁,最后才一口咬下去。肉汁是生煎的风韵所在,如果想让生煎饱含肉汁,除了在肉馅中适当加水外,还要用肉皮单独熬制汤汁,制成皮冻加入肉馅中,加热后即成肉汁。

花卷

⟳ 6人份　⟳ 10分钟　⟳ 45分钟

花卷虽然形式简单，但却美味百搭，是老百姓餐桌上常见的美食。

主料：面粉500克、葱花100克
辅料：酵母6克、无铝泡打粉5克、白砂糖10克、水240毫升、盐3克、植物油40毫升、水240毫升

TIPS

面和好后，揉成面团就可以直接制作花卷了，不需要醒发。每500克面粉，约可制作小花卷25个。

做法：

1 将无铝泡打粉和面粉混合；酵母加少许温水，搅拌至酵母化开，倒入面粉中，放入白砂糖和水，揉成面团。

2 将面团放在案板上，用擀面杖擀成薄薄的面皮，再用刷子在上面刷一层植物油。

3 将盐均匀地撒在涂好油的面皮上。

4 将面皮小心地从一侧卷起，尽量卷得粗细一致、松紧相当。

5 将面皮全部卷起。如果是初次制作，面坯不要太大，制作成功率会更高。

6 将面卷切成均匀的小面剂子，每个宽四五厘米。

7 取2个小面剂子，叠放在一起，用手指按住两端，轻轻向下压，并往两侧拉。

8 小心地继续往外拉，直至将2个面剂子拉长。

9 面剂子变长后，把手的位置调整成一上一下，让面剂子呈大S形。

10 将两手捏住的部分上下叠在一起，中间仍是S形。将上、中、下三层压紧并向两侧拉。

11 两手将面剂子两头同时拧一下，再将两端在下方捏合在一起，一朵"小花"就绽放开了。花卷做好后，醒10～15分钟，等花卷体积变大、质感变轻就可以上锅蒸了，大火蒸制10分钟即可。

豆沙包

细豆馅豆沙包

分量 6人份　　准备 5分钟　　制作 145分钟

北方人叫的豆包，南方人叫的豆沙包，或者豆蓉包，都是用红豆沙为馅的包子，只是用来做豆沙的豆子产地不同而已。

细豆馅食材： 红小豆500克、花生油25毫升、红糖250克、碱面2克

做法：

1 红小豆清洗干净。

2 放入盆中，倒入清水，水要稍微多一些。

3 在红小豆中放入碱面，放入蒸锅中大火烧开后转中火，蒸至红小豆软烂。

4 将红小豆碾成红豆沙，过箩去掉多余豆皮。

5 红豆沙放入豆包布中过一遍，去除多余水分。

6 锅中倒花生油，放入红糖小火慢炒，炒至红糖冒泡。

7 将红豆沙倒入锅中，小火快速反复翻炒。

8 炒到红豆沙可以挂住铲子即可，盛出放凉后可以放入冰箱，随用随取。

粗豆馅豆沙包

分量 6 人份　准备 5 分钟　制作 120 分钟

粗豆馅食材：红小豆 500 克、白砂糖 200 克

做法：

1 红小豆清洗干净，放入锅中，多放些水。

2 大火将水烧开后转中火，保持水开的状态，加盖煮大约 50 分钟。

3 水分基本收干，豆子软烂后放入白砂糖，边搅拌边煮至特别黏稠。搅拌时一定要沿着锅底搅拌，否则容易煳底。

面皮及包制

食材：高筋面粉 200 克、温水 110 毫升、绵白糖 20 克、酵母 5 克（夏天天用 3 克）、泡打粉 5 克（夏天用 3 克）

TIPS

豆沙包不仅可以包成圆柱形，也可以包成圆形，或者小朋友们喜欢的小动物形状。

做法：

1 将酵母放入绵白糖中，用温水化开，泡打粉放入高筋面粉中搅拌均匀。

2 将酵母水倒入面粉中，和成面团。

3 反复揉搓面团，面团要感觉发亮、变白。

4 面团切成剂子，每个剂子约 30 克，包入 15 克豆沙馅。

5 包好后搓成圆柱形，盖上潮湿的布醒发约 30 分钟。翻面后看到底面有蜂窝感，手掂一下整体变轻即可。

6 蒸锅上汽后放入豆沙包，大火蒸 20 分钟，关火后静置 2 分钟再开盖即可。

叉烧包

🔄 分量 8~10 人份

🔄 准备 提前 1 晚准备

🔄 制作 50 分钟

徐小凤的歌里唱道："谁爱吃刚出笼的叉烧包，还有那莲蓉包、猪肉包呀，鱼翅包、豆沙包呀，应有尽有广东包。"

面皮食材： 老肥 150 克、面粉 720 克、泡打粉 20 克、白砂糖 140 克、水 280 毫升、猪油 5 克、蛋清 1 个、碱水两三滴、臭粉 5 克

做法：

1 前一晚将老肥放入水中，拌匀，加入 500 克面粉，揉成面团。

2 用保鲜膜盖好，放置一夜。

3 将白砂糖放入发好的面团中反复揉搓，直至白砂糖渗入面团。

4 将蛋清加进面团。

5 将猪油加进面团，揉匀。

6 加入碱水，揉匀。

7 再加入臭粉，揉匀。

8 将剩余的面粉和泡打粉混合均匀，倒入面团中。

腌叉烧肉料及包制

食材： 猪梅肉1块、洋葱1/2个、盐3克、白砂糖7克、五香粉3克、生抽7毫升、柱侯酱20克、麻油适量、红曲粉适量、干葱适量、八角1个、玫瑰露适量、叉烧酱适量

做法：

1 猪梅肉切成1厘米厚的片。

2 洋葱切丝。

3 将叉烧酱外的所有食材混合，腌制一夜。

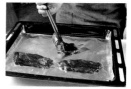

4 将梅肉片放置在烤盘的锡纸上，烤箱上火220℃、下火200℃，烤制20~30分钟。

5 取出放凉、切丁。

6 肉丁和叉烧酱按1∶1.5的比例混合。

7 叉烧包要面和好之后立刻蒸，因此要先调好馅料，皮与馅的比例是6∶4。

8 皮擀成中间厚、四周薄。

9 像包包子一样把叉烧包包好，但不要褶过多，大约8个褶。

10 蒸锅大火上汽后蒸8~10分钟即可。

TIPS

做叉烧包不是一天的工夫，面和馅分别要提前完成，心急可不行。

戗面馒头

🕐 6~10 人份

🕐 5 分钟

🕐 130 分钟

在北方，新鲜热乎的戗面馒头是绝对不可错过的存在。

食材： 中筋面粉500克、酵母5克、白砂糖5克、盐1克、水230毫升、淀粉适量

做法：

1 将酵母加一半水搅拌、化开。

2 白砂糖加剩下的水搅拌、化开，如果用绵白糖，则可直接加入面粉中。

3 将盐放入中筋面粉中，倒入酵母水和白糖水。

4 先将面粉和成絮状，再慢慢和成光滑的面团。

5 盖上保鲜膜，放在温暖湿润的地方（30~35℃），醒发20分钟。

6 将发好的面团揉搓成长条，撒上适当淀粉，折叠起来，充分揉搓至面团光滑，重复此步骤3~5次。

7 将面团搓成圆柱形长条，揪成每个约100克的剂子。

8 将每个剂子揉搓成窝头的形状。

9 将浸湿的屉布平铺在蒸屉上。

10 将剂子放入蒸屉，表面喷水，蒸锅内加入热水，盖盖、醒发约1小时后，大火蒸20分钟，关火后3~5分钟再揭盖。

TIPS

1. 中筋面粉最好用超过生产日期1个月的，面粉生产后都需要熟化期，放置1个月后的面粉做出的馒头更好吃。

2. 与普通馒头相比，制作戗面馒头的面团更硬一些，醒发的时间也更长。

3. 在干燥的季节，馒头表面容易干裂、不平整，和面时可将面团用压面机压几次，成形后馒头表面喷水保持湿润。

4. 冬天用35℃左右的温水和面，夏天用凉水即可。

5. 加入白砂糖可加速发酵，加盐可调节味道。

老婆饼

- 分量 10~15 人份
- 准备 10 分钟
- 制作 80 分钟

老婆饼起源于广东潮州，外皮金黄诱人，内里的层层油酥薄如绵纸，一口咬下去，酥松香甜，富有弹性。

水油皮食材： 中筋面粉 500 克、绵白糖 30 克、黄油 100 克、清水 300 毫升
酥心食材： 低筋面粉 500 克、黄油 275 克
冬瓜蓉馅食材： 冬瓜 250 克、绵白糖 30 克、淀粉 50 克、色拉油 100 毫升、黄油 100 克
刷面食材： 蛋黄 10 毫升、黑芝麻 5 克

做法：

1 将绵白糖和切碎的黄油放在中筋面粉中间。

2 一边加清水，一边混合揉匀。

3 搓揉成面团后，不断摔打即成水油皮。

4 黄油切碎,与低筋面粉混合,搓成酥心。

5 冬瓜去皮、去瓤、切丝。

6 将绵白糖和淀粉混合。

7 冬瓜丝放入热水中煮10分钟。

8 捞出冬瓜丝,挤干水分,成冬瓜蓉馅。

9 淀粉和绵白糖倒入冬瓜蓉馅中拌匀。

10 冬瓜蓉馅放在热锅里,加黄油和色拉油拌匀。

11 将冬瓜蓉馅捏成小圆球。

包制

12 将酥心包在水油皮内。

13 包好后收口,压平成面饼。

14 将面饼擀成长方形。

15 将面饼从两边向中间对折成3层。

16 面饼擀薄,搓成长条形,再揪成每个25克的剂子,擀成圆皮。

17 包入冬瓜蓉馅,收口后擀成圆饼。

烤制

18 黑芝麻混合蛋黄后,刷在圆饼上,放入提前预热好的烤箱中,250℃烤15分钟即可。

179

白酥皮云腿月饼

 分量 10~15 人份　 准备 250 分钟　 制作 150 分钟

云腿月饼的馅料是由宣威火腿加蜂蜜制成，蜂蜜的香甜衬托了火腿的鲜美，火腿的咸鲜使得月饼不会太腻，两种味道结合得天衣无缝。

馅料食材： 云腿 250 克、面粉 100 克、蜂蜜 75 克、白砂糖 40 克、熟猪油 75 克

水油皮食材： 面粉 200 克、熟猪油 50 克、细白砂糖 100 克、水 100 毫升

油酥食材： 面粉 180 克、熟猪油 90 克

做法：

馅料

1 云腿切成 0.3 厘米厚的片。

2 用冷水浸泡 2 小时左右。

3 平铺在盘中，大火蒸 30 分钟。

4 放凉后切成 0.5 厘米见方的小丁。

5 加入白砂糖和蜂蜜拌匀，腌渍 2 小时。

6 面粉放入炒锅中，小火翻炒至呈微黄色，散发出香气，离火放凉。

7 在腌渍好的云腿丁中加入面粉拌匀。

8 加入热猪油拌成黏稠的馅料。

9 将馅料分成 18 份，每个约 30 克，搓成小球，放入冰箱冷藏备用。

TIPS

1. 蜂蜜除了增加香气和甜度，也使馅料更黏稠。
2. 制作油酥时一定不要过度揉捏，避免油酥面团起劲。而水油面团则应该稍用力揉搓片刻，使它具有一定的筋度，这样才能形成漂亮的酥皮。

10 面粉和熟猪油用刮刀拌匀。

11 将油酥搓成团。不需要反复揉捏。

12 面粉、熟猪油和细白砂糖加水搅拌。

13 揉成面团,放置10分钟。

酥皮面剂

14 将水油面团分成18份,搓成小球。

15 油酥面也分成18份,搓成小球。

16 将水油面小球按扁,包入一个油酥面小球。

17 将包好的酥皮面剂按扁,擀压成椭圆形。

18 将面剂从底部向上卷起,成实心的筒状。

19 用保鲜膜盖好,松弛15分钟。

20 取一个面剂,纵向擀压成长条形面皮。

21 将面皮卷紧成筒状,松弛20分钟。

22 将筒状面剂两头向中间捏成圆形面剂。

包制

23 光滑的一面向下,按扁,擀成圆形面皮。

24 取馅料小球放在中间,捏紧收口。

25 依次做出其他月饼坯。

26 将月饼坯放在铺了牛油纸的烤盘中,170℃烤30分钟。

鲅鱼饺子

分量 4 人份

准备 40 分钟

制作 40 分钟

鲅鱼学名蓝点马鲛，体形较大、性情凶猛，分布在渤海、黄海海域，可红烧、可焖煮。鲅鱼饺子更是名声在外的胶东美食。

主料：面粉 300 克、鲅鱼 1000 克、五花肉 200 克、韭菜 250 克
辅料：姜 20 克、花椒 15 粒、花生油 100 毫升、芝麻油 30 毫升、盐 10 克、酱油 30 毫升、料酒 50 毫升、温水 125 毫升、牛奶 200 毫升

做法：

1 面粉放入盆中，倒入温水，边倒边用筷子搅动，待面粉成絮状后，和成面团，放入保鲜袋醒 30 分钟。

2 韭菜洗净、切碎；温水浸泡花椒备用。

3 鲅鱼杀净后去头尾、去皮，只留鱼肉备用。

4 鲅鱼肉和五花肉分别切小块后剁泥。

5 将鲅鱼肉泥和五花肉泥混合，加入料酒、花生油、芝麻油和花椒水，顺一个方向搅拌。

6 姜切末，加入肉馅中，再放入盐、酱油和牛奶，顺时针搅拌上劲，加入切碎的韭菜搅拌均匀。

7 将醒发后的面团搓成长条，揪成小剂子，用擀面杖擀成饺子皮，放入饺子馅包好，放入沸水中煮熟即可。

TIPS 饺子馅中加入牛奶会更鲜嫩多汁，也可用水替代；加入五花肉可避免鱼肉发散、不成团；搅拌馅料时一定要顺着一个方向搅拌。

沙葱
羊肉煎饺

 2 人份

 5 分钟

 70 分钟

沙葱长得像小葱又像韭菜，耐寒又耐旱，生命力极其顽强，配大尾羊肉做馅包饺子、包子，是属于西北戈壁的独特美味。

主料：面粉 500 克、沙葱 350 克、羊肉馅 250 克、鸡蛋 1 枚
辅料：姜粉 5 克、花椒粉 3 克、五香粉 10 克、油 35 毫升、盐 5 克、生抽 10 毫升、蚝油 30 毫升、香油 10 毫升、香葱碎 5 克、芝麻 5 克

做法：

1 在面粉中挖一个面窝，倒入清水，和成软硬适中的面团，盖上保鲜膜静置。

2 沙葱洗净、切碎。

3 在羊肉馅中放入姜粉、花椒粉和五香粉，将油烧热淋在上面，打入鸡蛋，搅拌均匀，根据个人口味放入蚝油、生抽、盐和香油，最后放入沙葱末充分搅拌。

4 将面团搓成条，切成小剂子，压扁，擀成圆面皮，包入饺子馅，一定要完全包住并捏紧。

5 取一个平底锅，倒入少量底油，将饺子摆入锅中，小火煎至金黄，最后撒上香葱碎和芝麻。

TIPS 包好的饺子可煎、可煮、可蒸。煎的话羊肉味道更浓，煮的味道则淡一点。

春饼

4 人份

30 分钟

30 分钟

春日吃的春饼和春菜，名为春盘，立春时节吃春饼是古已有之的习俗。春饼可以卷一切，不必拘泥于固定的食材。

C TIPS

1. 春饼皮可以用饺子皮抹油、擀平、蒸熟代替。
2. 春饼本身较干，夹入含水量较高的蔬菜，如豆芽、菠菜、韭黄，口感更佳。

主料：韭菜80克、豆芽50克、胡萝卜1/2根、鸡蛋2枚、粉丝15克、酱肘子100克、面粉（中筋或高筋）300克
辅料：热水190毫升、油60毫升、盐5克、生抽5毫升

做法：

1 将80℃的热水一点一点倒入面粉中，边倒边用筷子搅拌成絮状，然后和成光滑的面团，盖上保鲜膜，醒15分钟左右。

2 将面团分成每个20克左右的小剂子，揉圆、按扁，用刷子在表面刷油，几个摞在一起，像擀饺子皮一样擀薄、擀圆，抹油后叠在一起，上蒸锅蒸5~10分钟，取出稍微放凉后揭开。

3 韭菜择洗干净、切段，胡萝卜去皮、切丝，粉丝温水泡30分钟、切段。

4 坐锅倒油，放入打散的蛋液滑炒，再加入胡萝卜丝、韭菜段、豆芽和粉丝翻炒3分钟，用盐、生抽调味后盛出，用春饼皮卷起食用，还可以加入切好的酱肘子等一起食用。

中式葱花蛋饼

🔄 2人份　📋 5分钟　⏱ 10分钟

妈妈早起经常会做的葱花蛋饼，尽管简单、家常，但却十分美味。

主料：鸡蛋4枚、面粉45克
辅料：小葱5根、盐5克、油30毫升

做法：

1 小葱择洗干净、切成葱花，鸡蛋打散。
2 面粉中加入蛋液和适量水，调成稀糊，加入切好的葱花和盐，搅拌均匀。
3 平底锅中加入少许油，用厨房纸巾涂抹均匀，舀一大勺调好的蛋糊入锅，转动锅，让蛋糊均匀地布满锅底，面糊不要太多。
4 待表面凝固后，用木铲沿饼边铲起，翻至另一面继续煎1分钟即可。

TIPS　葱花蛋饼不要摊得太厚，太厚则有损蛋饼的形象和味道。

厦门春卷

⟳ 3人份　⟳ 5分钟　⟳ 20分钟

春卷是厦门人经常要吃的小食，个头不大，但原料却大有来头。在家里尝试做一次好看又好吃的厦门春卷吧。

主料： 薄饼（或春卷皮）10个、春笋丝60克、圆白菜丝150克、荷兰豆丝150克、胡萝卜丝100克、香菇丝50克、五花肉丝50克、海苔丝20克、猪肉松20克、鲜海蛎100克

辅料： 贡糖30克、甜辣酱20克、青蒜丝3克、香菜叶3克、白胡椒粉3克、油15毫升、鸡精5克、白砂糖5克、盐5克、高汤150毫升

做法：

1 锅中放油，烧至六成热时，放入五花肉丝，煸炒出香味。

2 放春笋丝、圆白菜丝、胡萝卜丝、香菇丝、荷兰豆丝和鲜海蛎煸炒。

3 倒入高汤，盖上锅盖，煮至食材软烂。出锅前用盐、鸡精、白砂糖和白胡椒粉调味。

4 薄饼加热后，将做好的馅料放上，撒上青蒜丝、香菜叶、海苔丝、贡糖、猪肉松和甜辣酱，卷好即可。

Ⓒ TIPS 做好厦门春卷最大的技巧就是食材一定要新鲜，在厦门当地，都是当天的材料当天用。

干炒牛河

分量 2 人份

准备 10 分钟

制作 15 分钟

TIPS

脆嫩的豆芽、韭黄和洋葱富含维生素 C 和膳食纤维，爽滑的牛肉富含蛋白质，河粉含有人体必需的碳水化合物。方便的街头小食，也能提供营养的一餐。

主料：牛柳 200 克、洋葱 1/2 个、韭黄 1 小把、香葱 1 棵、绿豆芽 200 克、鲜沙河粉 400 克

辅料：老抽 30 毫升、生抽 15 毫升、绍兴黄酒 5 毫升、白砂糖 5 克、油 30 毫升、淀粉 5 克

做法：

1 牛柳切片，加入 5 毫升生抽和 5 毫升老抽，再加入绍兴黄酒、淀粉、白砂糖和 5 毫升油，搅拌至汤汁收干，腌制片刻。

2 洋葱切丝，绿豆芽掐去两头，韭黄切段，香葱切段。

3 炒锅加热至起烟，倒入油，油温三成热时放入牛柳滑散，略变色后盛出备用。

4 炒锅中留底油，五成热时放入鲜沙河粉翻炒至表面微干，加入洋葱丝、绿豆芽、韭黄段和香葱段翻炒。

5 放入剩余的生抽和老抽，放入牛柳翻炒均匀即可。

闽南烧肉粽

🔄 6~8 人份　🍳 准备 10 小时　🍲 制作 4 小时

一颗颗新鲜出锅的烧肉粽，内里裹挟着最具风味的食材，每一口都直击味蕾。

主料： 糯米 500 克、五花肉 300 克、香菇 250 克、莲子 250 克、虾干 100 克、海蛎干 100 克、板栗 50 克、干葱头 50 克、粽叶 500 克

辅料： 猪油适量、盐 30 克、白砂糖 20 克、老抽 30 毫升

做法：

1 粽叶浸泡 10 小时，糯米浸泡 3 小时，虾干和海蛎干分别泡发，香菇去蒂，板栗、莲子剥好。

2 炒锅加热，倒入糯米不断翻炒 15 分钟，待糯米呈金黄色时盛出放凉。

3 五花肉切成小方块，将干葱头炸至金黄色时捞出，放猪油、白砂糖、老抽和盐，把肉块倒入锅中翻炒 10 分钟盛出。

4 锅加热，放入猪油，将海蛎干和虾干炒熟后盛出；锅中放盐，再放香菇焖好备用。

5 2 张粽叶相叠，弯折成漏斗状，放入糯米、五花肉块、海蛎干、虾干、香菇、板栗和莲子，再放糯米压紧，捆扎紧实。

6 另起锅，加水烧沸，把包好的肉粽大火煮 2 小时后，用小火再煮 1 小时即可。

正月十五在南方吃汤圆是非常普遍的，各地的做法不尽相同。荠菜肉汤圆是靖江地区最常吃的一种汤圆，荤素搭配，营养美味。

主料： 糯米粉200克、澄面50克、猪肉馅500克、荠菜500克、肉皮冻100克

辅料： 油30毫升、料酒30毫升、白砂糖15克、盐15克、白胡椒粉5克、小葱2根、姜1小块、香油3毫升

靖江荠菜肉汤圆

分量 2人份　时间 140分钟　制作 15分钟

做法：

1 小葱切段、姜切片，煸香后下猪肉馅，加入料酒，炒至肉色变白后盛出，挑出小葱段和姜片，肉馅放凉。

2 荠菜焯水后切碎，拌香油，与肉馅混合，加入切碎的肉皮冻和剩余调料，搅拌上劲后冷藏2小时。

3 准备面团。糯米粉与澄面混合，倒入开水，迅速搅匀成面团。

4 待面团不再烫手后揉匀，静置半小时，醒面。

5 取一小块醒好的面团做剂子，放入肉馅，搓成汤圆。

6 烧锅热水，水开后下汤圆，盖上盖子煮大约3分钟，等汤圆都浮起来即可。

三鲜米粉

分量 2 人份

准备 35 分钟

制作 15 分钟

湖南人的早上往往都是从一碗米粉开始的。一碗好吃的三鲜米粉，赶快学起来。

主料：湿米粉 400 克、高汤 600 毫升、鸭蛋 2 个、平菇 50 克、猪肉 50 克、泡发木耳 20 克

辅料：姜 10 克、葱花 10 克、盐 10 克

做法：

1 将鸭蛋打散，在蒸碗内垫一层保鲜膜，倒入打散的鸭蛋液，加入少量泡发的木耳，用保鲜膜封口，隔水蒸熟，放凉后切小块备用。

2 将平菇洗净、撕成小片，猪肉切片，姜切成姜末备用。

3 将湿米粉用凉水冲一下，起锅烧开水，放入米粉煮 10 秒左右，捞出沥干水分，放入汤碗中备用。

4 另起锅，倒入高汤，加入猪肉片、姜末和平菇片，大火煮沸后去除浮沫，加入切好的鸭蛋块，大火煮 1 分钟，加盐调味，将煮好的汤浇到米粉上，撒上葱花即可。

TIPS 汤要比平常咸一些，因为米粉本身没有味道，全靠汤汁入味。

提到酸辣，脱口而出的就是酸辣粉，酸辣十足且最接地气，那口诱人滋味让人欲罢不能，用料也十分家常，不妨一试。

酸辣粉

 分量 4 人份　准备 6 分钟　制作 20 分钟

主料：红薯粉条 250 克、小油菜 20 克、榨菜丁 10 克、花生 10 克、黄豆 20 克

辅料：郫县豆瓣酱 15 克、油 10 毫升、生抽 3 毫升、醋 30 毫升、白胡椒粉 3 克、鸡汤 300 毫升、香菜 3 克、香葱 3 克

做法：

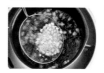

1 红薯粉条浸泡 1 小时，小油菜洗净，香葱切粒，黄豆提前泡发好，放入锅中翻炒至发酥。

2 锅中放油，倒入花生翻炒，至花生表面变色后关火。

3 另起锅，倒水烧开后放入泡好的红薯粉条，煮至质地变软而有韧性。

4 快煮好前放入小油菜烫一下，将红薯粉条和油菜一起捞出、过凉水。

5 锅中放入郫县豆瓣酱翻炒。

6 炒出红油后倒入鸡汤或水，加入白胡椒粉、生抽和醋混合翻炒。

7 在碗中放入红薯粉条，倒入汤汁。

8 码入小油菜、黄豆、花生和榨菜丁，撒上香葱粒和香菜即可。

图书在版编目（CIP）数据

贝太厨房. 从小爱吃的菜／贝太厨房编著. —北京：中国轻工业出版社，2018.10

ISBN 978-7-5184-2083-4

Ⅰ. ①贝…　Ⅱ. ①贝…　Ⅲ. ①菜谱　Ⅳ. ①TS972.12

中国版本图书馆 CIP 数据核字（2018）第 198163 号

责任编辑：高惠京　胡　佳　　责任终审：劳国强　　整体设计：锋尚设计
策划编辑：龙志丹　　　　　　责任校对：李　靖　　责任监印：张京华

出版发行：中国轻工业出版社（北京东长安街6号，邮编：100740）

印　　刷：北京博海升彩色印刷有限公司

经　　销：各地新华书店

版　　次：2018年10月第1版第1次印刷

开　　本：850×1168　1/32　印张：6

字　　数：200千字

书　　号：ISBN 978-7-5184-2083-4　定价：39.80元

邮购电话：010-65241695

发行电话：010-85119835　传真：85113293

网　　址：http://www.chlip.com.cn

Email：club@chlip.com.cn

如发现图书残缺请与我社邮购联系调换

180683S1X101ZBW